彭娟 著

李雯 审校

商业地产 从拿地到设计

——商业建筑设计手册

Commercial Real Estate

FROM SITE SELECTION TO PROJECT DESIGN

中国建筑工业出版社

近几年建筑行业发展减速，不少地产开发商和建筑设计院处于焦虑的状态。事实上，看似悲观的经济态势也为整个行业的升级换代提供了不可浪费的机遇。专业化、精细化设计现在无疑是建筑设计的一个大趋势。在设计院的这些年，我一直忙碌在工作第一线，发现自己对商业建筑项目常常具有敏锐的理解，加之这些年积累的工作实践经验，我决定暂时停下来，做一次完整的梳理。我将这些年学习到、实践到和感悟到的相关经验写下来，试图形成一套完整的商业设计理念，也希望能为广大的建筑师及开发商提供一些参考。

商业项目尤其是商业综合体项目相对于其他项目开发类型来讲，是一种非常复杂的综合性项目，需经历拿地、策划、招商、设计、运营、管理、销售等极其复杂的过程，并且需要多专业团队合作，才能做到整个项目的成功运转。而任何环节任何专业如果有知识漏洞或对接不好，均会对项目造成极大风险，因此，参与商业项目的每个团队都需要了解商业开发和设计的全过程内容，这样才能做到专业化，并且能更好地与其他专业团队进行合作。

值得注意的是，商业项目形成的消费空间正在逐渐改变城市的空间形态和公共活动领域，同时商业空间正在以飞快的速度与城市的其他类型建筑形成了叠加的空间，时至今日，各种公共建筑类型或者公共活动均能与商业建筑有效地融为一体。可以说，我们现在已经进入了"商业建筑＋"的时代。而与此同时，在全国各地集中出现了许多大规模的商业项目，但真正运作成功者少，失败者多，有感于此，梳理和总结商业地产从拿地到设计的规律便迫在眉睫。

那么到底商业项目该如何进行开发运作设计，笔者以商业项目进展的时间轴为线索对每项内容展开讲述，希望能形成一套易懂且逻辑清晰的思路。本书着重针对设计和策划定位，同时也对拿地招商工作的要点进行了分析，着重强调了这些环节对设计的影响，并且希望规划设计能在前期阶段便参与其中，如此才能深切地了解商业建筑的本质，也才能真正做好一个商业项目。本书的核心内容将最终指向：优秀的开发、策划、招商、设计等团队的密切合作才能保证商业项目的成功运转，而优秀的商业建筑师不仅需要处理好建筑的空间关系，还需要把握商业建筑的精髓——即挖掘商业的多重价值。

| 彭娟

目录
CONTENTS

目录
CONTENTS

第五篇　规划

目录
CONTENTS

目录
CONTENTS

第一篇　概　述
Summary

Chapter

01

经济学家斯蒂格利茨提出，中国的城市化和以美国为首的新技术革命将成为影响人类 21 世纪的两件大事。而在城市化过程中，商业消费活动成为城市必不可少的一部分，甚至渐渐成为城市公共生活的主角。在《哈佛设计学院购物指南》一书中，库哈斯等建筑师将购物看作 21 世纪最后的也是最普及的活动。而少数发达国家也将逐步迈过以中产阶级为主体的第一消费时代、以家庭为主体的第二消费时代和以个人为主体的第三消费时代，正在进入以服务和共享为价值核心的第四消费时代，但反观我国的商业建筑和地产的发展状况，在一些基本的问题上却仍然存在很多经验上的不足之处，以至于造成商业建筑和地产的社会效应以及经济效应的双重丧失。因此有必要对一些商业建筑的基本概念予以澄清。

1.1
商业地产的机遇和困难

截止到 2014 年，全国购物中心已经接近 4000 个，商业建筑面积 2.4 亿 m²。预计 2015 年新增量将创历史最高点，达到 480 家。2016 年、2017 年新增购物中心建筑面积将达到 4929 万 m²，并且在 2017 年购物中心预计将达到 5000 家左右。中国在建购物中心面积约占全球总在建面积的 50%。中国商业近几年面临井喷式发展，并伴随高空置率、开业难、运营难等问题艰难前进，商机和困难并驾齐驱。

据世邦魏理仕（CBRE）统计，2014 年，全球在建购物中心总面积为 3900 万 m²，其中，亚太区在建购物中心面积超过 3200 万 m²，并且超过 00% 的面积都在中国。在全球十大最活跃在建购物中心市场排名中，中国占据九席，达到开展本项调查以来的最高峰值。

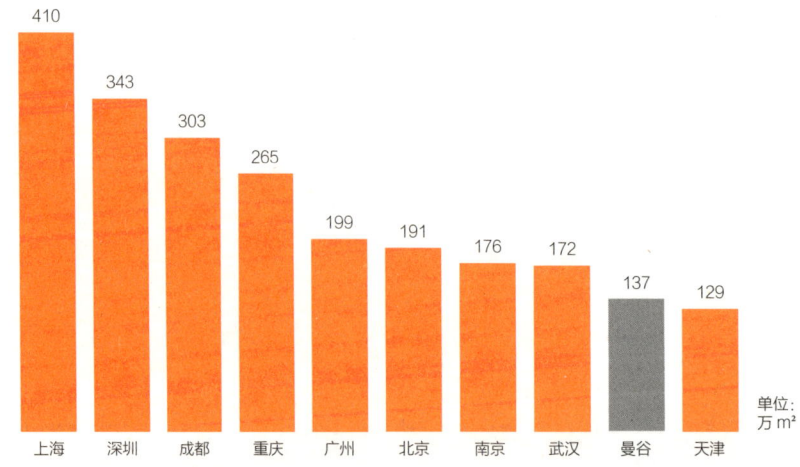

单位：
万 m²

上海　深圳　成都　重庆　广州　北京　南京　武汉　曼谷　天津

图 1-1　2014 年全球十大最活跃在建购物中心市场

1.1.1 我国商业发展阶段

我国商业大致经历了四个阶段的发展历程：自发型零售及市场型商业——百货——购物中心——商业综合体。每个阶段相对应的人均 GDP 与城市化率均不相同。

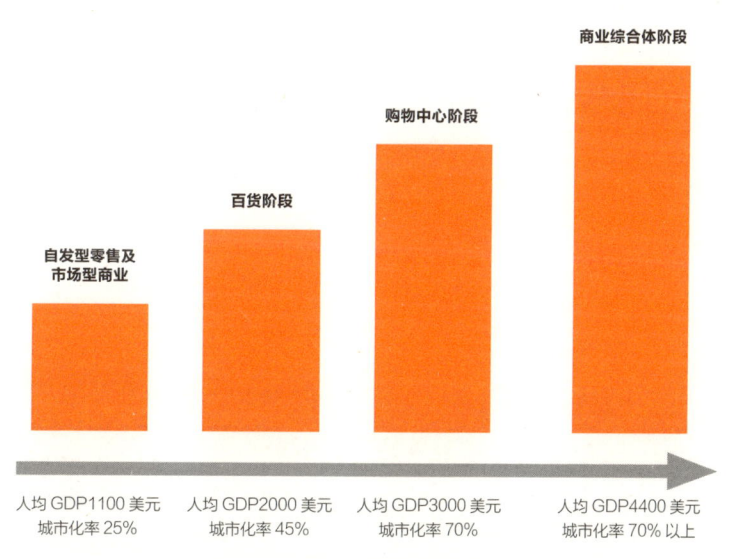

图 1-2　我国商业四个发展阶段

目前国内很多城市的 GDP 并没有达到特别高的标准，中国城市化率整体尚未达到 60%，但是一线城市尤其是上海、北京、深圳等地，其经济水平已经完全能够支持商业综合体的蓬勃发展。而现实是，在许多二线、三线甚至四线城市，其商业综合体的发展规模，已经远超当地人均消费水平，并且出现了商业总量供给较多但有效供给较少的现象，这就是为何国内现今存在如此多的商业空盘、死盘的原因。

1.1.2 商业地产发展前景

1. 中国城市化水平仍只有 50% 多，远不如发达国家的 70% ~ 90%，而商业配套是城市化发展的一个重要的体现。

2. 据中国之声《全国新闻联播》报道，商务部在 2015 年 5 月发布报告称，我国 GDP 中消费比重达到 50%，而美国的消费比重占 GDP 的 70% 左右，因此中国的消费比例与发达国家仍有较大差距。

3. 目前国内虽有非常多的商业及购物中心，但大多呈现出不成熟的状态，随着国家的进步和消费者观念的改变，一大批商业及购物中心将面临更新换代的局面。

4. 现如今，零售业在中国的发展虽十分艰难，尤其是面对电子商务的强烈冲击，但新型商业也在逐步调整战略，通过与电商结合、加强消费者数据一体化、增加现场体验、提高餐饮娱乐等业态等措施，迎来实体消费强劲的竞争力。

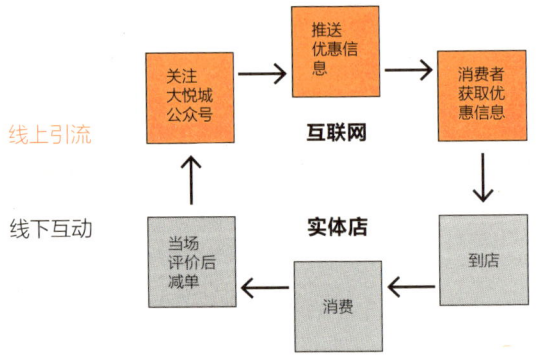

图 1-3   上海大悦城的 O2O 闭环

5. 与其他项目的短暂开发和可控制收益相比,商业地产的利润会随着商业地产价值的提升不断提高,因此商业地产是一个长久的、可持续的盈利开发类项目,具有重复博弈的特点。

1.1.3 商业地产发展难题

1. 由于多地政府对商业布点规划缺乏全面考虑,导致商业地产供应格局出现激烈竞争局面。

2. 相对于大型发达城市,三、四线城市消费人口基数有限、客群年龄差异大,消费习惯保守等问题阻碍商业的发展。

3. 传统百货关闭率创历史新高,传统百货面临改变及创新的升级换代双重压力。

4. 商业地产重开发轻经营的现象面临改变,第三方招商运营会成为商业地产的重头戏。

5. 电商对零售业的冲击不容小觑,零售业需改变格局,与电商建立合作,从竞争走向竞合,增加零售商业的多变性与趣味性,以达成共赢局面。

6. 中小企业招商难:从招商方面来看,体量在 10 万 m² 左右的商业项目大多需要多主力商户支撑,这部分商户将消化购物中心租赁面积 50% 左右,但能够与国内外知名品牌保持长期合作关系的大多为有成熟运营模式和规模效应的集团,中小开发商难以找到合作持久、租金贡献稳定又能拉动购物中心客流的主力品牌。

7. 大型商业资金周转困难:商业项目周期长,投入资本巨大,从长远来看,商业项目的运营成本甚至高于开发成本,由于商业项目回收效益较慢,很多中小型开发商在面临此类问题时束手无策。

因此商业地产仍具有开发的潜力,但现在国内的地产形势并不十分乐观,全国用地成交量在 2014 年大幅下降,在如此险峻的环境中,要想在商业地产中占据一席之地,不仅需要开发商雄厚的实力,并且需要非常专业的商业团队才行。

1.2
商业地产的内容解读

　　商业地产的内容非常丰富，除普遍认知的购物中心外，商业街、专业市场、社区服务性商业、连锁店、零售店铺均为商业地产的种类。而现在与商业结合开发的写字楼、酒店、公寓等类型也被纳入到商业地产范畴，因为其本质是靠商业带动，实现互相补充、融合。我们常常将这种以商业要素为主的整体效应大于各个部分之和的有机结合体，称为商业综合体。

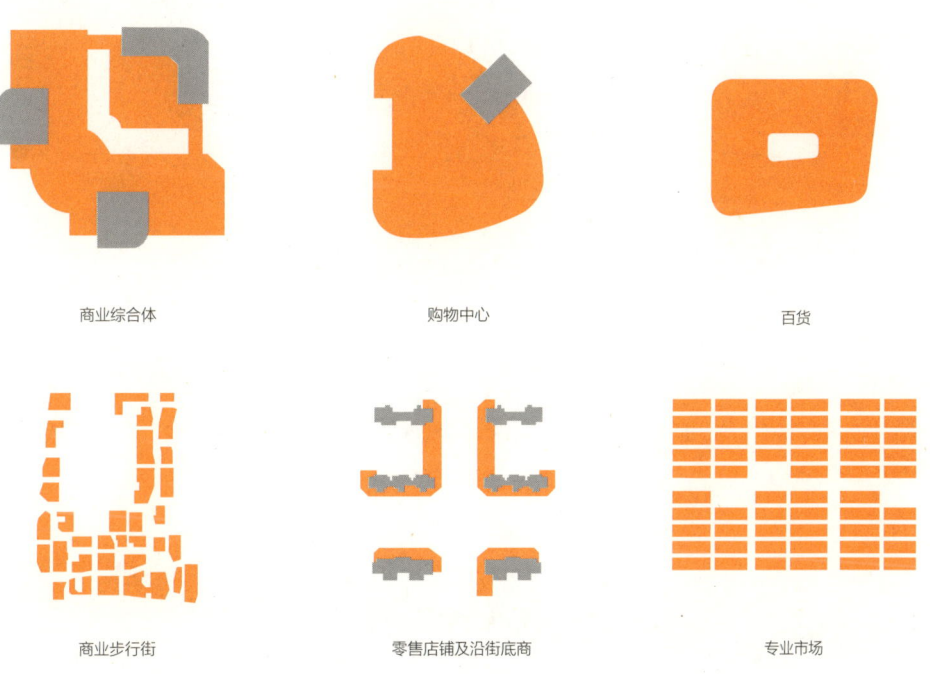

商业综合体	购物中心	百货
商业步行街	零售店铺及沿街底商	专业市场

图 1-4　商业地产分类

1.2.1　商业综合体

　　根据百度百科的定义，"商业综合体"的概念源自"城市综合体"的概念，但是两者有着明显区别。城市综合体是以建筑群为基础，融合商业零售、商务办公、酒店餐饮、公寓住宅和综合娱乐五大核心功能于一体的"城中之城"（功能聚合、土地集约的城市经济聚集体）。高山在《城市综合体——思想理念·设计策略·实现机制》一书中将城市综合体以主导要素划分五种类型：综合型城市综合体（如日本六本木山城）、交通型城市综合体（如德国柏林中央火车站）、商业型城市综合体（如加拿大多伦多伊顿中心）、景观型城市综合体（如美国西雅图雕塑艺术公园）、地下型城市综合体（如广州珠江新城CBD地下空间的利用）。事实上，商业型综合体可能是最常见的一种城市综合体。

　　"商业综合体"，是将城市中商业、办公、居住、旅店、展览、餐饮、会议、文娱等城市生活空间的三项以上功能进行组合，并在各部分间建立一种相互依存、相互裨益的能动关系，从而形成一个多功能、高效率、复杂而统一的综合有机体。商业综合体以商业为核心要素。需要强调的是，综合体除了要具备多种空间，还需在各部分之间建立相互依存与相互助益的关系，它是各组成部分之间的优化组合，各类空间共生共存于一个有机系统之中。如果商业体量过小或者各组成不能形成有机结合的整体，均不能称作商业综合体。目前商业综合体的总建筑面积一般为15万~150万 m² 不等。

1.2.2　购物中心

　　购物中心（Shopping Center/Shopping Mall）是指多种零售店铺、服务设施集中在由企业有计划地开发、管理、运营的一个建筑物内或一个集中区域内，向消费者提供综合性服务的商业集合体。

　　购物中心分为广义上的和狭义上的。从广义上来讲，国际购物中心协会将购物中心细分为"摩尔"（Mall，停车场与店铺间有一定的距离，通常在整体建筑的地下或外围，而店铺间有专门的步行街连接，如区域型、超区域型购物中心）和带状中心（店铺前各有停车场，店铺间通常没有专门的步道连接，如邻里型、社区型等）两种形式。购物中心是一种有计划地实施的全新的商业聚集形式，有着较高的组织化程度。与自发形成的商业街相比，购物中心在其开发、建设、经营管理中，均是作为一个单体来操作：一般是物业公司建楼、出租场地，专业商业管理公司实行统一招租、管理、促销，承租户分散经营。

　　笔者在本书中提到的购物中心为狭义上的购物中心，即上述中的一类——MALL（即摩尔购物中心）。摩尔购物中心具有长廊、广场、庭院的特点，在建筑物的遮蔽下，不论天气如何，都可以进行休闲、购物或体验聚会。因此笔者所列述的购物中心一般具有较大型的建筑体量，拥有较为丰富的业态组合形式，并且具有更加多样的消费体验，能满足全客层的一站式购物消费和一站式体验（文化、娱乐、休闲、餐饮、展览、服务、旅游观光）的特大型综合购物娱乐中心。

　　因为商业项目较为复杂，不同的类型在招商、规划、设计、销售、运营、管理等环节殊为不同，因此在叙述及分类时，笔者尽量将商业类型详细化、具体化。

1.2.3 百货

百货顾名思义为将各式各样的货品放在一起，并且分门别类地进行统一销售统一收银的零售形式，因此百货实为零售业的集成。而百货除了商品外，与购物中心相比，几乎没有其他体验性的消费。世界第一家百货店于1852年诞生在法国巴黎，我国新中国成立前比较出名的百货当属上海南京路"四大公司"。20世纪90年代后，零售业市场掀起了一股超市和百货的热潮。但随着大型商业的发展，百货除了单独经营外，也发展为购物中心内部的一种业态形式，大多以主力店的形式展现。但由于百货的体验性较差，目前很多百货店都面临倒闭的风险和创新升级的挑战。

1.2.4 商业街

商业街为城市中商业业态集中且以步行优先的街道，商业街由大量的零售业、服务业商店作为主体，集中于一定的范围，其形式为单条街道或者由多条街道构成的街区。商业街根据不同分类方式，具有不同的形式。

1. 根据交通形式分类

A 完全步行街（禁止机动车，例如哈尔滨中央大街）

B 人车共存步行街（半步行街，例如厦门中山路步行街）

2. 根据空间形态分类

A 开放式步行街（道路街道上方没有构筑物，例如上海南京路步行街）

B 半封闭式步行街（由沿街两侧建筑挑出顶棚的形式，也被称为带悬挑式顶棚的道路，例如上海新淮海坊）

C 封闭式步行街（通常为购物中心内的步行街，例如上海环球港）

3. 根据商业街的动线分类

A 单线型：人的步行轨迹沿着一条线（例如北京王府井）

B 多线型：有分支，井字形，非字形（例如上海淮海路）

C 立体型：商业动线呈立体上升，适合做餐饮休闲类的商业（例如日本难波公园）

4. 根据功能分类

A 购物（例如华盛顿奥特莱斯）

B 娱乐休闲（例如深圳海上世界广场）

C 美食街（例如成都锦里古街）

1.2.5 零售店铺及沿街底商

零售店铺通常指商家出售商品给消费者的地方，以小额出售或是单一业种售卖为主，区别于大宗货品的批发

（wholesale）业务。最主要的特征就是以小数量出售。但在价格方面有可能会比批发贵一些。零售店铺大多以自发形成为主，并无统一规划设计运营。

国内一般将在住宅区沿街道旁的底层作为商业店铺，即为沿街底商。此类店铺大多以居民生活配套的零售商店为主。但沿街底商是经过统一规划设计的，但并无统一经营。

这两种商业规模均较小，都无统一管理，因此笔者将其归为一类。

1.2.6　专业市场

专业市场是一种以现货批发为主，集中交易某一类商品或者若干类具有较强互补性或替代性商品的场所，是一种大规模集中交易的坐商式的市场制度安排。专业市场的主要经济功能是通过可共享的规模巨大的交易平台和销售网络，节约中小企业和批发商的交易费用，形成具有强大竞争力的批发价格。专业市场的优势，是在交易方式专业化和交易网络设施共享化的基础上，形成了交易领域的信息规模经济、外部规模经济和范围经济，从而确立商品的低交易费用优势。

专业市场的内涵就是"专门性商品批发市场"。根据以上特点，可以比较清晰地把专业市场同综合市场、超级市场、百货商店、菜市场、零售商店、专卖店、商品期货交易所、集市、庙会等各种市场形态区别开来。

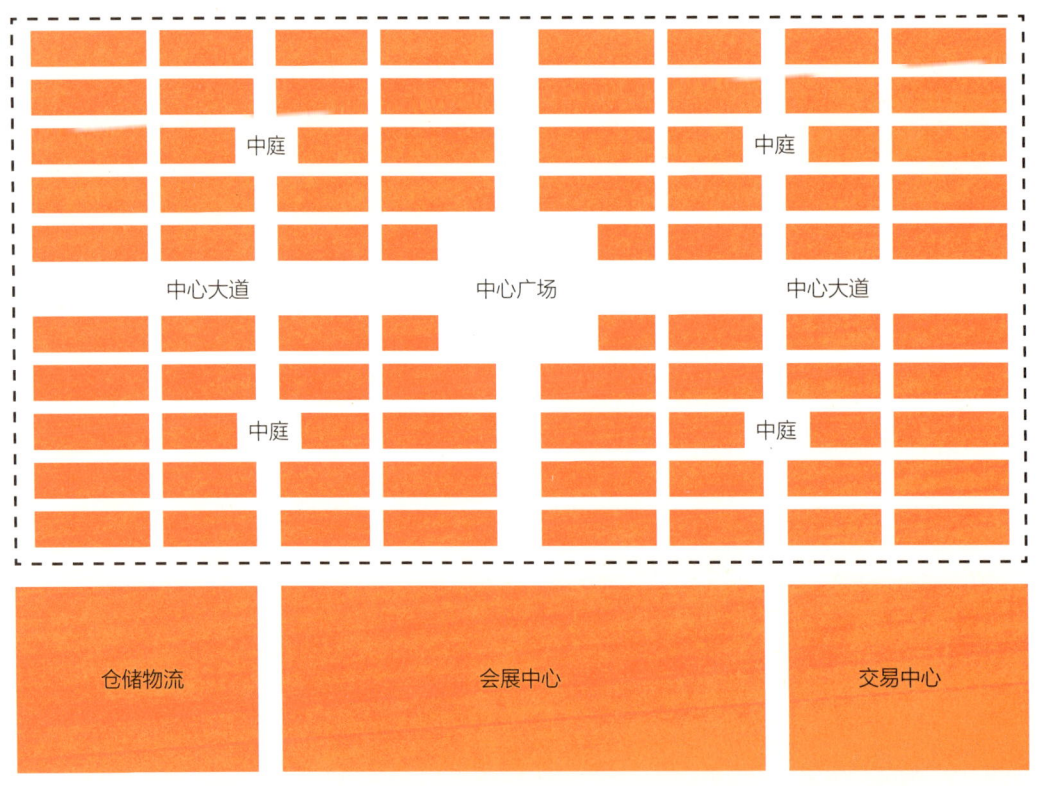

图 1-5　专业市场示意图

1.3
商业地产的盈利模式

1.3.1 销售获利

通过销售物业获得回报，销售获利较为迅速和简单，并且直接省略商业运营的压力。销售分物业整体销售和物业分割销售，国外的项目开发在不同阶段由不同的公司执行，很多公司将项目进行开发后整体销售，下个公司买得物业再由专门的经营公司进行管理。国内开发的全过程很多都是一个公司，物业以分割销售居多。目前国内大多数由住宅开发转为商业开发的地产商都比较倾向这一类，依照住宅的开发模式，将商铺类似于住宅一样作为独立的产品卖出。但随着国内市场逐步回落，投资者也越来越谨慎，现在大多数的商业出售并没有达到非常好的效果，并且物业全销售，基本上就意味着商业无经营，这类商业很难存活。值得一提的是，现在诸多开发商是否能够卖出物业也是个问题。因此此类方式需谨慎考虑，不要急功近利，而导致商业成为死盘、空盘，无人问津。

1.3.2 运营获利

运营获利是指开发商持有物业，通过长期的经营回报来获利。在实际操作中，有以下三种方式：

一是开发商自主经营或与商家合作经营，通过商业盈利获利。选择自主经营的开发商需具备成熟的品牌和经验，由独立商家转型成商业开发的一般能往此方向发展。比如，影业公司、超市或有多个品牌的大型餐饮公司，当他们开发商业项目时，往往可以自主独立或找其他类型商家合作一起经营，这种方式是对商业的直接运营。

二是将商业出租，主要通过租金获利，同时物业费、广告费、停车费等也有一定的回报。商业可出租给大型商家，也可出租给小型业主，从而搭配形成不同的商业业态组合，而开发商则需对出租的商业进行管理或者委托商业管理公司，这便需要在物业的运营上有一定的能力。这种是对商业物业的运营。

三是两者结合。比如万达的购物中心有自主经营的万达影业、儿童娱乐及百货等，其他的商业面积则出租出去，这便是两者结合的典型方式。

　　运营获利是一种可持续的发展模式，虽周期较长，前期回报率较低，但是是一个良性循环的过程，且能带来稳定的资金流。通过物业的不断提升，获得更多运营上的盈利，从而促使商业地产价值不断提升。

1.3.3 销售运营相结合

　　为了解决资金上的压力，又使项目能被把控住，实现有效经营，很多开发商选择了"出售返租"的形式，即将商铺产权出售给业主，再将业主手中的商铺返租回来，或租给大的运营商或者开发商统一经营，并承诺一定的年回报率，甚至承诺业主多年后也可将商铺反卖给开发商。这种方式对小业主及开发商都是一个保险的方式，小业主投资更为安全，开发商资金周转更为有利，在项目运营上也占主导地位，有利于商业项目的长期运营与维护。因此，现在市场中"出售返租"的模式被广泛运用起来，但是如果开发商没有足够的经营能力，也要非常慎重，返租回来必须能有效运营，如果没有运营起来，开发商必须支付小业主返租租金，而商业又不赚钱，这样两头亏钱，最后只会弄得不可收拾。

1.3.4 地产升值获利

　　商业如果运营得好，商业地产会得到升值。那么不管未来是一直持有或等增值后出售，价值都是非常可观的。值得一提的是，现在国家出让的混合用地越来越多，许多开发商在开发商业地产的同时，常常会开发一定量的住宅或公寓等其他产品，可以说商业产品对整体项目具备相当可观的溢价能力，其所带来的综合升值效应不容低估。

　　在城市化发展的中后期，持有优质商业物业资产还能获得资源增值、政策增值、级差增值和品牌增值收益。资源增值主要指土地的稀缺所带来的增值。政策增值是指政府城市规划或户籍等城市管理政策所带来的持有物业价值的增值。级差增值是指某一种地产形式比别的地产形式带来的级差地租的较多增长。品牌增值是指以某一品牌经营的商业物业比别的商业物业产生的更大价值。后两种属于经营管理性增值，对于购物中心等商业地产是非常重要的。除了租金和物业增值收益外，开发商持有优质商业物业资产还有利于企业通过银行经营贷款、商业抵押担保证券（CMBS）等途径实现短期融资。

1.3.5 资本运作获利

　　虽然目前国家在这方面的法律和制度并不完善，但已经有不少地产商通过房地产信托投资基金（REITs），把流动性较低的、非证券形态的房地产投资，直接转化为资本市场上的证券资产进行交易。REITs(Real Estate Investment Trusts，房地产信托投资基金），是一种以发行收益凭证的方式汇集特定多数投资者的资金，由专门投资机构进行房地产投资经营管理，并将投资综合收益按比例分配给投资者的一种投资信托基金。地产商通过 REITs或 PE 基金，实现市场交易、租金与增值所带来的收益，与投资人分享盈利。

盈利模式案例分析　　　　　　　　　　　　　　　　　　　　　　　表 1- 1

公司	盈利模式
万达集团	主要资金来源为自有资金、银行贷款和销售回款； 开发综合性商业项目时，通过住宅、写字楼、散铺的销售来收回商业部分的投资； 持有物业租金回报、费用收入及配套产业营业收入实现盈利； 自持有物业享受租金收入和地产增值
华润集团	主要资金来源为母公司自有资金、银行贷款、资金注入和上市融资； 开发综合性商业项目时，通过住宅的销售来收回商业部分的投资； 持有物业租金回报、费用收入及配套产业营业收入持续获得收益； 自持有物业享受租金收入和地产增值
富力地产	通过住宅的销售收回部分投资； 持有物业租金回报、费用收入及配套产业营业收入持续获得收益； 自持有物业享受租金收入和地产增值
凯德集团	主要资金来源为 REITs 和私募； 项目建成后注入私募，享受资产升值收益；项目运营成熟后注入 REITs，享受稳定现金收益； 通过参股私募和 REITs，获取自持物业的稳定租金和参股部分的收益

第二篇　　拿 地
Site
Selection

Chapter

02

国内目前出现许多商业死盘，其中的原因可能各不相同，但溯其根源很有可能是最根本且致命的，那就是——拿地。而专业的商业设计团队在拿地阶段，不仅应能拿出一个靓丽的方案供政府部门审批，从而获得拿地许可，而且需要从开发商利益出发，用自己的专业知识分析地块的各个条件与利弊因素，为开发商做决策提供可靠的依据。

　　业界知名商业开发商大佬普遍这样认为：商业开发只有一个原则，那就是"地段，地段，还是地段"。但到底有多少个开发商有实力完全开发黄金地段呢，难道不是黄金地段就没有开发价值吗？答案显然是否定的。笔者认为合适的选址配上合适的定位，服务合适的人群，做出合适的设计，招来合适的商家，做到合适的运营，一个商业项目就很可能带来非常可观的收益。

2.1
城市级别、发展及居民消费能力

在商业地产开发中，很多开发商会选择一二线城市，有些开发商则主要选择三四线城市，在选择项目的时候，笔者认为这都没有绝对的对错，一二线城市和三四线城市的居民都需要消费，对商业消费和体验可以说都是有需求的。但笔者认为在选择项目的时候需要根据一些具体情况来进行分析。

2.1.1 开发成本

一二线城市的地价无疑比三四线城市的要高很多，这可能是影响开发商选择项目的主要因素之一。

1. 开发一二线城市黄金地段，投入很高，但有大量人流支撑，片区较为成熟，城市居民消费观念较为开放，一般很快便能收到效益，培育期较短，但是需要强大的资金实力和团队支持。

2. 开发一二线城市待发展地段，这些地块往往短期人流量不多，需要几年的培育期，等到人口稳定了才会收到效益，但一二线城市的政府执行能力往往较强，在政策实施时，一般也能达到预期目标，往往假以时日便能发展起来，这样的用地投入相对较少，但培育期长一些。

3. 开发三四线城市黄金地段，其实这是目前国内很多开发商愿意选择的方向，这种地块价格不贵，人流量又较大，三四线城市的档次也不用特别高，成本自然也不会投入太多，回报也可能是立竿见影的。只是三四线城市的人均消费力有限，即使商业非常成功，回报率肯定也无法与一二线城市相比。但这对于资金实力一般的开发商，是一种很稳妥的方式——投入不大，收益也不错。

4. 三四线城市待发展地段，这样的地往往都非常便宜，政府为了招商引资也会大力扶持，投入一般也会很低。但是由于三四线城市政府的执行力度有限，在开发中会承担很大风险，有些规划中需发展的地块很可能多年实施不起来，人流也一直上不去，这样的用地作为商业用地便会成为一个烫手山芋。

各因素对开发成本的影响　　　　　　　　　表 2-1

地段	地价	人流量	居民消费观念	政策执行能力	培育期	收益值
一二线城市黄金地段	★★★	★★★	★★★	★★★	★☆☆	★★★
一二线城市待发展地段	★★☆	★★☆	★★☆	★★★	★★☆	★★☆
三四线城市黄金地段	★★☆	★★★	★★☆	★★☆	★★☆	★★☆
三四线城市待发展地段	★☆☆	★☆☆	★☆☆	★☆☆	★★★	★☆☆

2.1.2 城市发展

　　中国国家宏观调控是中国地产一种特色的形式，掌握好国家发展计划可能对项目选择具有一定的帮助，比如京津冀协同发展、长江经济带建设等。有国家政策发展计划的城市，可能会发展较快，因此商业投资前景可能也会更加乐观。另外还有一些城市本身的经济发展较快，也是较为有利的因素。

　　由于城市规划是一定理论上或政府行为上的结果，可能会由于一定实操性的问题，导致某些计划中的城市发展并不能实施。因此在拿地时，特别是人流量不大的新区，要考虑发展周期给项目带来的时间成本及经济损失，不能盲目地跟着城市发展走。了解城市发展的战略可通过以下几个途径：

1. 查找五份图

（1）城市功能图

（2）城市土地规划图

（3）城市交通规划图

（4）城市商业规划图

（5）项目用地图

2. 查找四份报告

（1）国民经济和社会发展统计公报

（2）城市五年规划

（3）政府工作报告

（4）城市商业规划

　　这些资料，能有效把握城市发展动态，更好地掌握商业发展前景。举例来讲，宁波万达广场在 2002 年拿地，当时的宁波万达广场只是一块农田，并不在宁波市区内，根本不具备商业发展的人流量储备。但万达考虑到宁波市核心区过小，城市化会将往外扩延，并且项目周边有许多当地企业，由于政府对当地企业的保护，南部新城一定会形成很大的产业区域，因此有一定的开发前景。同时，万达又具备足够的开发实力和招商实力，在商业开发中，可以承担先开发带动城市效益的作用，最终，宁波万达广场取得成功，成为万达产品很成功的案例之一。笔者提醒：此项目的成功和万达的政策把握与自身实力密不可分，不是所有类似的地块均可复制操作，较偏的地虽然便宜，风险也极大。

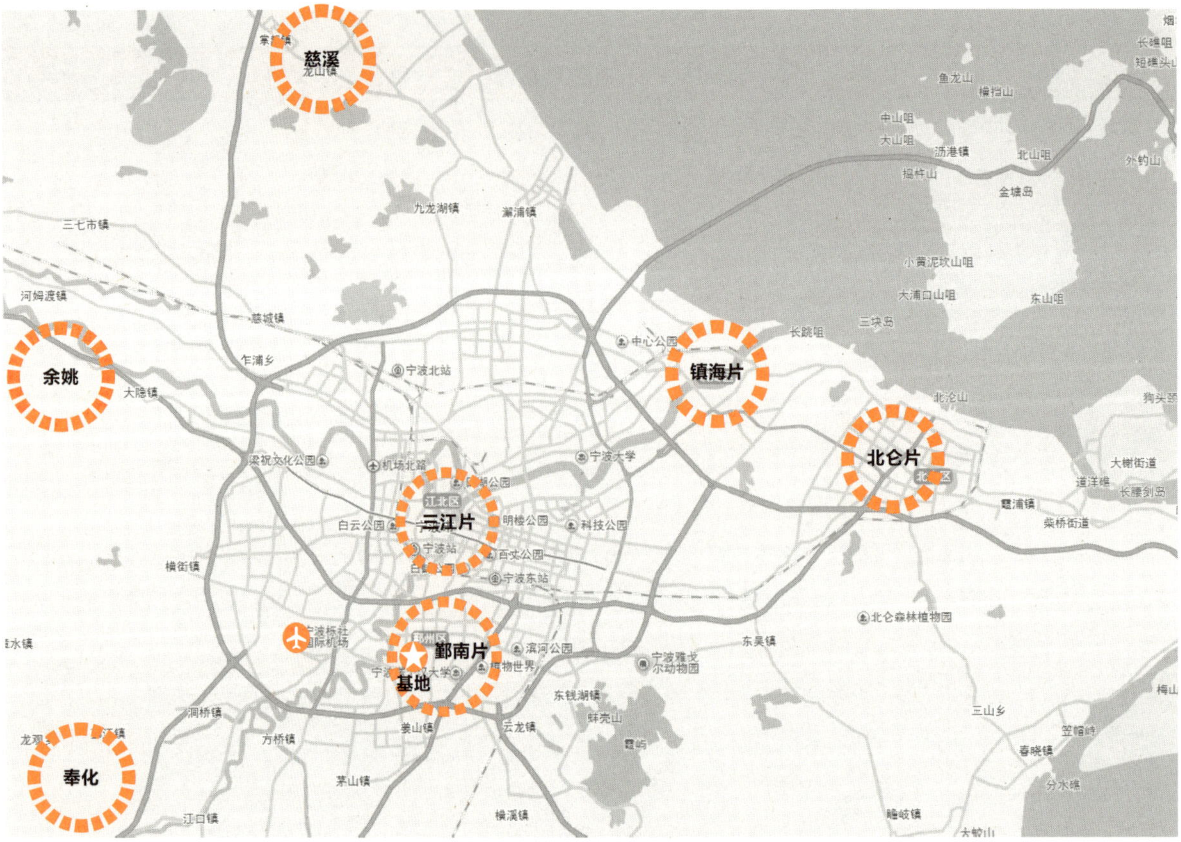

图 2-1   宁波万达广场

2.1.3 消费水平、人口属性和消费习惯

在选择项目的时候，同时也应该考虑城市居民消费水平、人口属性（外来或常住）和消费习惯等，以此来衡量是否具有客观的商业开发价值。万达对城市消费水平的要求是：GDP ≥ 1000 亿元，社会消费品零售总额 ≥ 300 亿。

除了搜索城市整体 GDP 及社零总额，还应对当地居民的收入水平和生活成本等进行了解，一般物价和房价是生活成本的最基本体现。如果一个地方的居民收入水平不高，物价和房价却很高，则说明消费力可能会较低；而如果生活成本较低，收入较高，那就肯定有利于消费。

同时，一个地方的人口结构是否稳定，对消费也有一定影响，常住人口相对于流动人口更有利于消费。

最后，还应分析当地居民的消费习惯和喜好：当地天气如何，居民喜欢在何种地方以何种方式进行消费，城市交通是否发达，出行是否便利，城市居民对新事物的接受程度如何，是喜欢逛街或是网购，居民出行游乐和外出就餐的比例大概有多少，这些都是居民生活消费习惯的构成要素。

2.2
人流量是商业项目的基本要素

　　人流量是商业项目最基本的条件，商业是人来消费，有足够的人群消费的商业才能真正产生商业价值。在项目前期，最好能邀请策划公司对项目进行详细调研和数据收集，如果没有策划公司的调研和支持，如何获得人流量的数据呢？这对于开发商做判断及建筑设计院做设计是非常重要的，如能把握较为准确的数据，在拿地和规划上便能做出较为准确的判断。笔者将自己总结出的一套数据收集方法供大家参考。

2.2.1　确定城市，搜索城市的总人口

　　城市总人口一般可在互联网上查找，同时可顺便查找一下城市的经济增长情况、产业结构和社零总额，通过对这些数据的查找，可对一个城市进行宏观及总体的了解。

人口
据 2014 年人口抽样调查，年末太原市常住人口 429.89 万人，
城市化率 84.25%。

经济增长
2014 年全市 GDP 为 2531.09 亿元，人均 GDP 为 59023 元。

三次产业结构
2014 年三次产业比重为 1.5%、40.0%、58.5%，分别拉动经
济增长 0.06、0.47 和 2.77 个百分点。

社零总额
2014 年全年社会消费品零售总额 1411.13 亿元、人均 32385 元。

图 2-2　太原某项目——城市分析

2.2.2　确定行政区，搜索区域的总人口

所在地块属于城市的某一个行政区，可在互联网上搜索该区域的人口。同时应将此行政区与同一城市其他行政区做一些对比，分析此行政区各个方面在整个城市中的分量与级别，以此了解其发展水平。

杏花岭区

杏花岭区是中国山西省太原市市辖区，位于太原市东北部，总面积 170.2 km²，其中建成区面积 32.2 km²，农村面积 138 km²。截至 2013 年 5 月，有人口 53.88 万人，占太原市人口的 17.1%。

图 2-3　太原某项目——行政区分析

2.2.3　地图搜索周边地块的功能

在城市规划网上寻找城市功能图，在城市功能图中标记此地块与周边地块的功能，确认用地性质以及已建或待建情况。确定需要搜查人流量的地块内容，为后一步工作做准备。

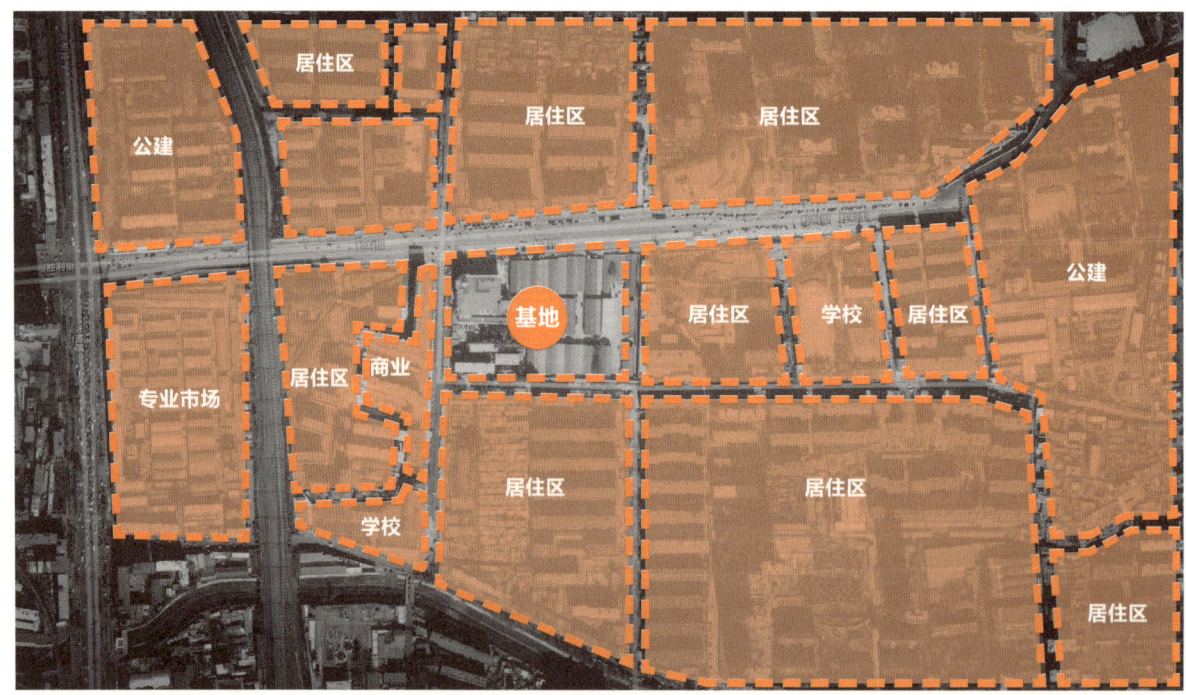

图 2-4　太原某项目——基地周边功能

2.2.4 计算周边已建成建筑所容纳的人口数

已建成的建筑,其总建筑面积及功能类型是很容易在互联网上查到的,根据其面积和功能是有方法能够测算大概的人口数,方法如下:

1. 住宅用地:一个小区的总建筑面积能查到,户型类型及户数能搜到,那么这个小区的基本人口是能推算出来的,或者根据大概的户型和套数,可按 $35m^2 \sim 50m^2$/人计算(根据楼板的居室户型配备及档次进行判断)。

2. 办公用地:确认办公楼的等级,一般办公楼的档次是与人均面积相关的,可以通过此经验值及实地考察去得知其人数。正常需要获得效益的办公楼,人均面积最低在 $5m^2$/人左右(带公摊),高端一点会到 $20m^2$/人或以上(带公摊),但多数办公楼其实以 $10m^2 \sim 15m^2$/人居多(带公摊),这样的办公的舒适度与经济性是较为平衡的。

3. 学校通过班级数,可计算人数。

4. 演艺场可通过座位数计算人数等。

总之任何类型的建筑都是可根据较为理性的办法得出人数的。但此人数会有一些浮动,比如住宅的入住率,办公的舒适程度,包括学校演艺场所会有时间段的人数差异,都会给人数带来影响,因此建议计算人数的时候将不同建筑类型分别开来,以免各个因素对人数判断影响较大。

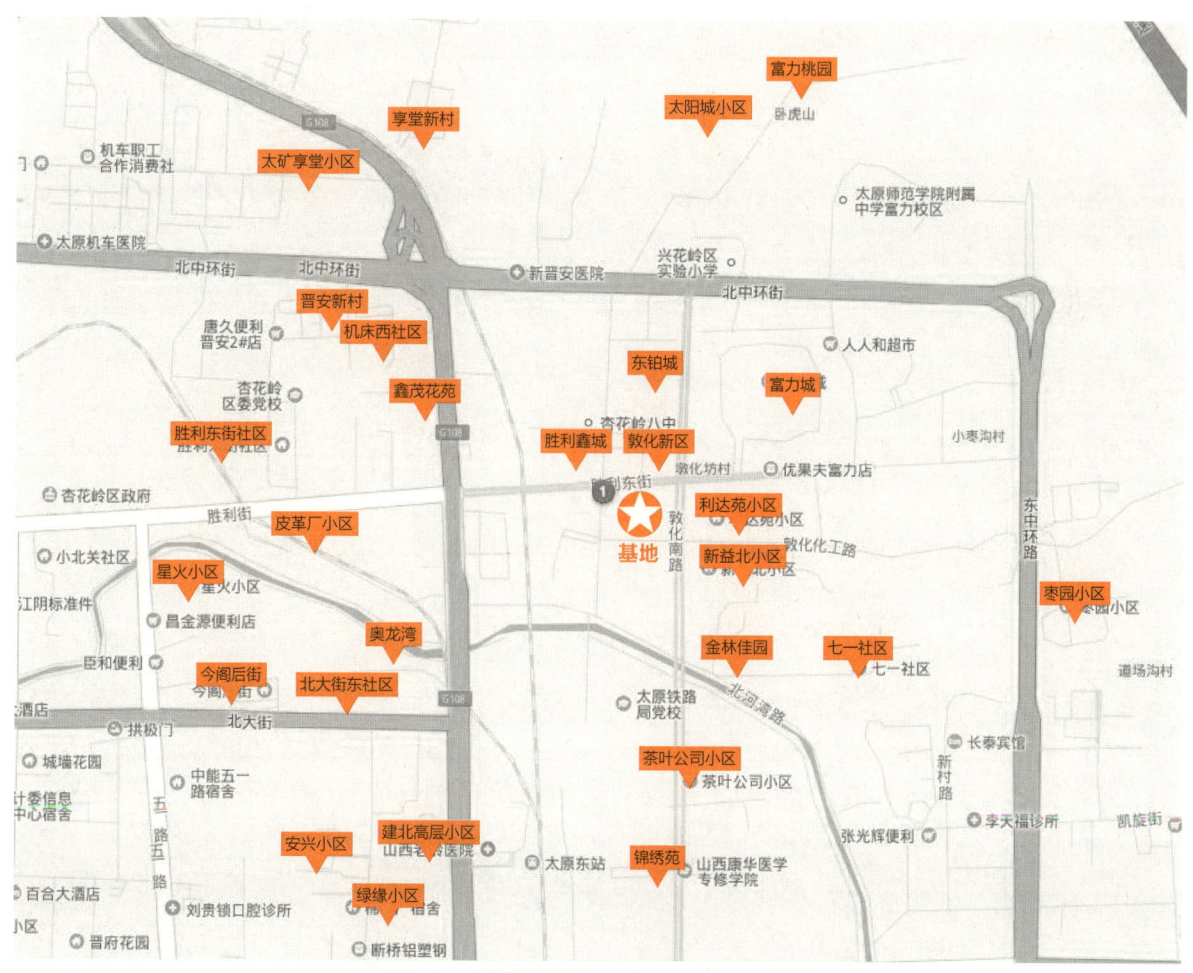

图 2-5   太原某项目——周边住宅小区分布

2.2.5 进行 3km 内的人口统计

人步行距离通常最多为 1.5km，3km 为居民通过公共交通及非机动车可便利到达基地的距离，因此做一个 3km 范围内的人口统计很有必要。

已经得知周边地块的人口数，需以项目为圆心，画一个 3km 的圈，统计圈内的人口总数。因为不管商业的级别和规模多大，该商业周边是否具有人流量其实也很关键，与商业越近的人流，对商业的支持越大。每个城市，每个行政区甚至每个社区都有繁华的地段和偏僻的地段，商业的可达性与便利性是非常重要的，因此，3km 内的人口数也非常关键，这就是为什么同一个片区有些商业做得特别好，而就在不远处的项目却总是不能运营起来的原因。万达在选址时对人流量的要求是，即使不是城市核心区域，3km 内的人流量必须满足 30 万人。如果是设计方，统计人数工作量过大，可用 1.5km 的步行距离来测算人数，以此来推算出 3km 范围内大概能满足多少人。

总之，笔者认为人流量计算是一项非常有意义的环节，这使每一个参与到此项目的人都能对周边环境有一个理性的认识。但得出的结论也不可过于教条，要留有余地及适时调整，把所有的情况都计算清楚，才能做到胸有成竹，百变不惊。

太原案例项目——1.5km 范围人口统计　　　　　　　表 2- 2

小区名称	占地面积（m²）	总面积（m²）	总户数	人口	主力户型	房价（均价）	建筑类别
胜利鑫城	7333	32000	400	1400	一居 67m²、一居 76m²、三居 130m²	6980 元 /m²	板楼结合高层
美域中央	11060	34000	416	1456	50m²~121m²	5363 元 /m²	高层
东铂城	10000	48000	500	1750	二居 85m²、二居 95m²、三居 110m²	9715 元 /m²	小高层
利达苑小区			360	1260		6159 元 /m²	商品房
富力城	129800	153900	17000	59500	一期 63m²~180m²；二期 88m²~300m²；七期 80m²、90m²、100m²、127m²	7600 元 /m²	小高层 高层
新益北小区			960	3360			高层
五金小区			660	2310			小高层
上敦化坊小区	23000	42000	588	2058	55m²~73m²	6948 元 /m²	多层 6 层
北河湾小区			360	1260	51m²~131m²	6463 元 /m²	低层
金林佳园	68000	200000	1800	6300	二居 77m²、二居 97m²、三居 130m²	6700 元 /m²	多层 小高层 高层
胜发苑小区			160	560	40m²~200m²	6487 元 /m²	6 栋错层商住楼
晋安三号院小区			180	630	75m²、90m²	6916 元 /m²	板楼 多层 6 层
新元小区			1320	4620			板楼 多层 6 层
鑫茂花苑	9545		288	1008		4388 元 /m²	多层
融田晶阁	6666	30000	208	728	59m²~100m²	4100 元 /m²	板楼 小高层
中原小区		36266	280	980	82m²~118m²	4708 元 /m²	板楼 多层 6 层
机床西社区			612	2142			板楼 多层 6 层
晋安新村东区	5100	13200	432	1512	60m²~85m²	6820 元 /m²	板楼 多层 6 层
清华苑	7130	22000	249	871.5	106m²~140m²	5280 元 /m²	高层
龙湾情怀	39000	100000	932	3262	90m²、76m²、110m²	7300 元 /m²	板楼 高层
茶叶公司小区			384	1344			
东唐花园	33334	160000	1600	5600	80m²~160m²	5400 元 /m²	板楼 高层
新苑小区	48300	38600	386	1351	69m²~124m²	6573 元 /m²	板楼 多层 6 层

小区名称	占地面积（m²）	总面积（m²）	总户数	人口	主力户型	房价（均价）	建筑类别
祥和苑			360	1260	80m²~85m²	7100 元/m²	板楼 小高层
国樾龙城			240	840			板楼 多层
敦化坊新村			1200	4200			板楼 多层 6 层
享堂小区			556	1946		9591 元/m²	
太矿享堂小区	7100	31400	336	1176	40m²~91m²	5397 元/m²	板楼 多层 6 层
东傲城			228	798		4534 元/m²	2 栋 19 高层
太阳城小区			330	1155			板楼 高层
敦化太阳城二期			648	2268			板楼 高层
富力桃园	160000	250000	2418	8463	四居 172m²	5700 元/m²	板楼 高层
胜利街皮革厂小区	42600	18500	240	840		8191 元/m²	板楼 多层 6 层
嘉兴苑	11000	30000	300	1050	112m²~189m²	6502 元/m²	板楼 多层
河北里花园			152	532	二居 103m²	6808 元/m²	板楼 多层
星火小区		46500	465	1627.5		6843 元/m²	板楼 多层 6 层
金属小区			660	2310			板楼 多层
北方明珠	5333	50000	417	1459.5		5648 元/m²	板塔结合 高层
佳兴凤凰居	4666.6	22335	100	350	86.2m²~114.82m²	3715 元/m²	高层
小东门双合成宿舍			108	378	50m²~100m²	5043 元/m²	板楼 多层 6 层
北大街东社区小区	16700	40000	400	1400	60m²、100m²、120m²	7000 元/m²	板楼 多层 6 层
奥龙湾	46666	200000	1039	3636.5	二居 87m²、三居 114m²、三居 139m²	7500 元/m²	板楼 高层
东瑞小区			1050	3675		5167 元/m²	板塔结合 高层
东升小区			480	1680			板楼 多层
怡和熙园	50000	100000	768	2688	95m²~135m²	8789 元/m²	板楼 小高层
安兴小区			240	840		4696 元/m²	板楼 多层
金色维也纳小区			424	1484	三居 115m²	7292 元/m²	板楼 多层
绿缘小区			120	420	60m²、110m²、135m²	6249 元/m²	低层
建北高层小区			342	1197			板塔结合 高层
76 号院小区			180	630			板楼 多层
太铁四宿舍小区			324	1134			板楼 多层
太铁公安后院小区			500	1750			板楼 多层
迎春街北巷 2 号院			650	2275			板楼 多层
肿瘤医院家属院			420	1470			板楼 多层
金得园	6000	30000	280	980	95m²、115m²、143m²	4650 元/m²	板楼 高层
枣苑小区			384	1344			板楼 多层
七一社区			108	378			板楼 多层
总计			46542	162897			

2.3
区域位置是判断地块优弊因素的重要依据

用地好坏不仅仅只是限于地段，用地在区域中哪个位置也很重要。很多用地在黄金地段，但区域位置不好，导致运营困难，而有些用地地段没那么好，但在区域中的位置可能很合适，商业运营反倒很好。比如，此地是处在居住区、商业区还是工业区？处在这些区域的何处位置？是否与人流方向相符抑或是相反？

至于何为人流方向？笔者理解为建筑是为人衣食住行服务的，此处说到的人流方向可认为是人的基本活动轨迹的一个普遍规律。比如早上上班，中午吃饭，下午回家，晚上休闲等。一个好的位置意味着这些人流走向会经过此地块。整体而言，地块位置的优劣取决于以下几个因素。

2.3.1 区域及商业容量

在考虑项目选择的时候，除了城市因素之外，区域位置、商业容量及消费者类型也是很重要的因素。

1. 区域位置

指的是在同个片区内，有不同的地块，有些适合商业发展有些不适合。一般而言，商业最好在片区中心，这样四面八方均有人流进入。周边最好无河流、高架、铁路线等不利因素。地块最好有较好的交通条件，最好临路较多，地铁站、公交站能在地块内较好。

2. 商业容量

如果一块地的位置和区域都非常好，还需考察周边商业容量。政府部门在城市规划中常常未根据实际情况合理规划，导致很多商业过度集中，容量超标，如果开发商不慎选择了这样的项目，未来会面临非常严酷的竞争。因此对周边竞争商业的容量考察和计算是非常重要的。

3. 消费者类型

用地周边居民属于哪些消费者类群，特别应注意周边居民的年龄阶段和生活构成组合。周边社区居民过度老龄化是不适合商业发展的，稳定的家庭组合又要比城市流动人口消费力更强。

<table>
<tr><td colspan="4" align="center">区域及商业容量　　　　　　　　　　　表 2- 3</td></tr>
<tr><th></th><th>有利</th><th>一般</th><th>不利</th></tr>
<tr><td>区域位置</td><td>临路多、交通站多、片区中心</td><td>——</td><td>河流、高架、铁路线、片区边缘</td></tr>
<tr><td>商业容量</td><td>周边无其他商业</td><td>周边有其他类型商业</td><td>周边有同类型商业</td></tr>
<tr><td>消费者类型</td><td>家庭、年轻人</td><td>——</td><td>老年人、流动人口</td></tr>
</table>

2.3.2　周边环境

商业消费是一种很直接的行为，消费者的直接感受影响着商业的存活和运营。空气质量、卫生环境、人文环境对项目都有影响。

比如有些城市的部分区域内的工厂或者物流仓库比较多，那么会导致空气质量不一定很好，周边居民可能没有在附近休闲消费的习惯，这样的用地可能需要慎重考虑，在短时间内可能不具备商业开发的条件。相反拥有较好环境的位置，对于商业消费来说是一个愉悦的过程，当然也会给商业加分。

2.3.3　周边用地性质

除了环境，氛围也是影响商业的一个重要因素，而周边的用地性质决定着此区域是否具有商业氛围。周边是什么性质的建筑类型对项目也有一定的影响。

1. 厂房、仓储产生空气污染和噪声污染，具有不利影响。

2. 医院、老年人建筑，通常为不利因素，除非是专门服务于此类建筑的配套商业。

3. 学校、幼儿园并不一定为有利因素，因为此类建筑较为封闭，周边如有此类建筑会阻碍本地块商业与其他地块的联系。

4. 居住建筑、酒店建筑、游艺展览建筑对商业来讲都是有利因素，因为是人流聚集的地方。

5. 如果周边为商业建筑，是会造成一定的商业竞争因素，一般在拿地过程中，最好是无其他商业竞争项目。如果周边存在商业项目，则可利用已存在商业形成商圈，共同壮大商业圈的聚集力，而在定位上可形成差别，避免商业同质化竞争，形成互利的商业氛围，在后面的章节中对此会单独说明。

<table>
<tr><td colspan="8" align="center">商业氛围分析　　　　　　　　　　　表 2- 4</td></tr>
<tr><th></th><th>厂房、仓储</th><th>医院/老年人建筑</th><th>学校/幼儿园</th><th>居住建筑</th><th>商业建筑</th><th>酒店建筑</th><th>游艺展览建筑</th></tr>
<tr><td>有利影响</td><td>☆☆☆</td><td>☆☆☆</td><td>★☆☆</td><td>★★★</td><td>★★☆</td><td>★★★</td><td>★★★</td></tr>
</table>

2.3.4 人流方向

商业运营中，如果有越多的人经过地块，那说明此块地的商业价值越大，如何判断未来地块的人流量，那就需要做人流走向的分析，这与很多因素有关，比如交通、环境、城市规划、生活习惯等。例如一个项目基地正处于这个区域的交通集散位置，此块区域的人都需通过此地进行日常活动交通的转换；或者，附近有一个区域性的公园，平时居民从各个方向过来休闲；或者在这块区域，其他的道路都较为不便或者环境不好，而绝大多数的人流会选择地块周边道路行走。这些都是非常有利的人流走向的因素。而具体情况需具体分析，每块地拥有其独特的特点，需认真地对地块周边做一个详细的人流分析。这些分析可对未来商业的动线设计起到至关重要的作用。

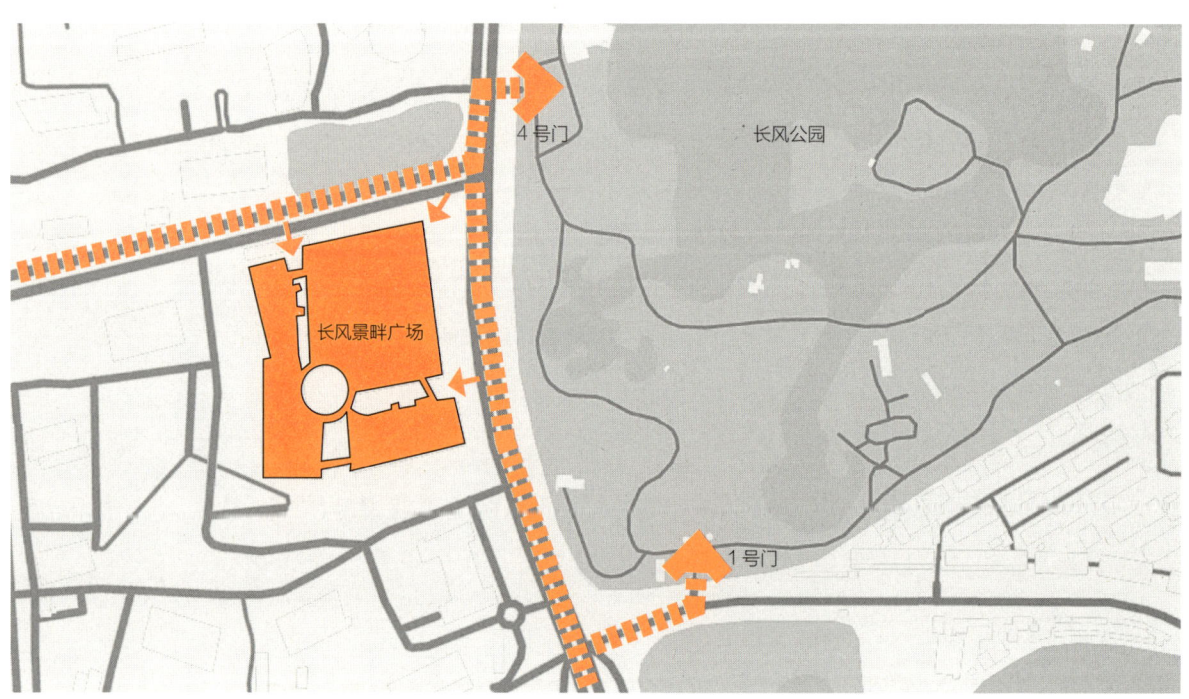

图 2-6　上海长风公园人流对长风景畔广场的影响

2.3.5 地块自身条件

选好了地段和位置，把握好了周边有利因素，并不意味着该地块就是完美的。事实上还有一个很重要的因素不可不考虑，那便是地块自身条件。何为地块自身条件？即地块内是否有场地高差、河流、轨道、电缆桥架、高度限制以及地块地质条件等因素。比如，商业不应被城市铁路、高架路、快速路、高压线、山川河流等阻断；另外场地高差太大对商业来说也较为不利，可将项目进行多首层设计，化不利为有利。这些因素都是对场地有影响的，但这些并不是关键因素，设计中也不能忽略他们，需通过设计将其规避，甚至把不利因素变为有利因素。如厦门万达广场、深圳九方购物中心的高差影响；上海静安嘉里中心、上海虹口凯德龙之梦的道路影响；新加坡克拉克码头的河流影响。

2.4
交通对现代商业起着重要的作用

　　随着科技的发展，城市交通的完善及私家车普及率的上升，交通对商业的影响越来越大。一个商业项目应在城市交通主干道旁，具有明显招徕作用；再者，项目周边应拥有良好的交通条件，如地铁站、公交站等，使人能够方便到达。交通的发达代表着人流的聚集，现代人的生活越来越依赖交通的便捷性，交通能扩大商业的辐射半径，下面逐一说明主要几种交通形式对商业的影响。

2.4.1　航站楼

　　目前航站楼在各大城市均有分布，稍大些的航站楼内一般都布置有商业，且航站楼内的商业可为机场提供30%-50%的收入，由此看来，航站楼的人群是具有相当消费实力的。除在航站楼内的商业外，还有与航站楼较近的商业也可以利用航站楼的资源，将人流吸引到商业项目去消费，这样的商业一般有以下几种做法：

　　1. 商业项目必须与航站楼建立直接、高效的交通联系。交通工具可为地铁、有轨电车、公交车、直达巴士等，他们相隔的班次首先应密集，且能快速来回，因为一般航站楼的人流对消费时间是有严格把控的，否则会影响航班时间。如日本大阪关西机场天王寺MIO。

　　2. 设立有自我特色的商业，有利于吸引航站楼的外地客群，特别是旅游客群。如东京台场购物广场，全高18m的1:1的高达模型成为人气地标，同时其业态规划也非常丰富，每年吸引4800万的观光游客进入消费，与羽田机场和成田机场都较近，且交通方便。

　　3. 商务和观光的人群在航站楼人群中占相当大的比例，他们均有一定的零售消费需求和能力，商业在业态上设置品牌丰富的折扣店商业可能会具有一定的号召力。如美国华盛顿奥特莱斯和华盛顿杜勒斯国际机场，他们之间相距不远，很多人会先去奥特莱斯购物，然后再去机场乘坐飞机。

2.4.2 城市站

随着国家铁路的高速发展，铁路成为城市之间人流量转换的一个重要节点。高铁站和城市站都成为城市里人流汇集的重要节点，但此类节点的人流特点为时效性快，即在此停留的人的时间较为短暂，一般不会超过 3 个小时。因此如依靠此类交通站进行开发的商业也应具有其相应的特点，餐饮和特产零售等业态较为适合。还有一种商业形态便是专业市场，由于专业市场往往对物流及交通条件要求较高，如果物流及交通配套较为成熟，可大大减少专业市场的运输成本，并且具有较高的时效性，这对专业市场来讲是至关重要的。如果能把城市站与商业项目较紧密地结合在一起，达到人流消费的快捷时效，符合其项目特有属性，便能发挥其最大的商业潜能。现在越来越多的新城市站也设置了不同的商业功能，给人们的生活带来便利，并且为城市的经济带来有利的互动，如上海虹桥天地。

2.4.3 地铁

如果说城市站是城市间人流转换的节点，那地铁便是承载城市人流的快运车，如果商业能与地铁结合，一般会达到非常好的效果。国外及国内一二线城市地铁上盖开发非常多，利用地铁人流量大的特点进行商业开发，往往能获得非常好的效果，现在国内开发商也越来越看重地铁上盖的商业价值。较大的人流量为地块提供强大的人源支撑，这样的地块不仅商业非常好运作，住宅、公寓、办公等销售往往也非常有利，招商时也更容易受到商家的认可和青睐。而且与地铁结合开发地下商业，又能发掘地下商业的巨大价值，无形地增大了地块的价值。因此，地铁与商业的结合已成为目前新型商业的一种常见方式，地铁上盖或者侧盖是商业选址的首选之地，有些项目即使不具备这样的条件，也会自费增加一条地下通道与地铁口相连，以达到牵引人流的效果。

2.4.4 公交车

公交车虽没有地铁的人流量大，但也承担着非常重要的运载城市人流的作用，如果地块内有公交车站，需仔细规划动线，将人流引入商业内，甚至很多项目直接将公交站与商业进行综合设计，公交站与商业无缝对接，充分利用公交所带来的人流优势，如上海晶品购物中心和上海中山公园龙之梦。

2.4.5 城市道路

中国城市居民的私家车越来越多，城市居民的出门习惯也从以前老式的交通工具转化为驾驶私家车。因此商业临近的城市道路越多，对商业越有利，表示此商业的可达性越好，但在设计中并非以一味地追逐路越大越好，越多越好，车行的过于方便可能意味着人行的不便，因此不同等级的城市道路，对商业有不同的作用，对商业的规划设计也有影响。城市道路分为快速路、主干道、次干道及支路四类。地块周边道路等级越高，说明车行到达越便利，但地块周边不能全为级别最高的道路，因为这些道路的人流不那么好到达，并且往往对机动车开口有一定强制的约束性。因此一块项目好地，是至少临一条城市高等级道路，即快速路或城市主干道，其他道路为次干道或者支路。

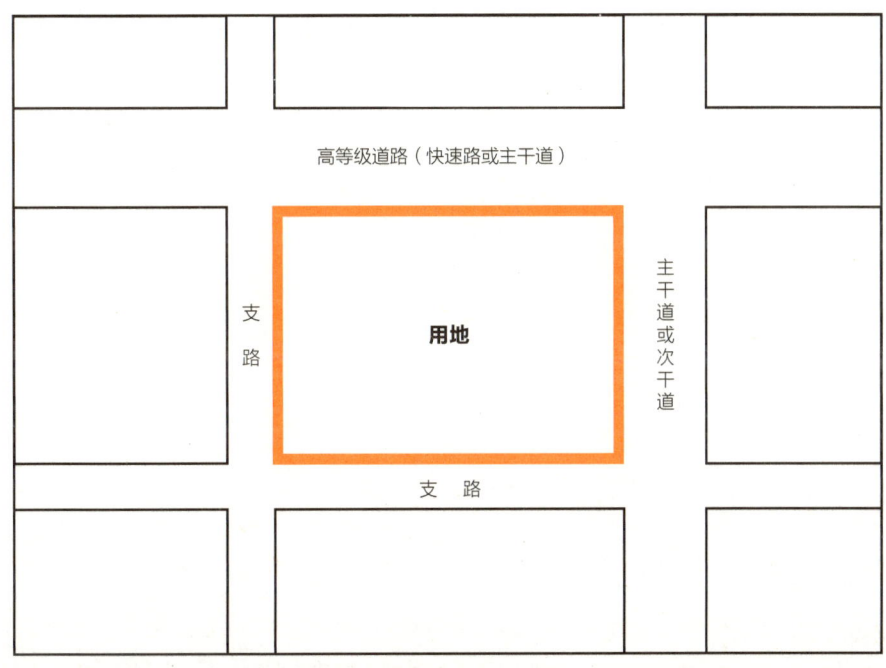

图2-7 最优商业道路

2.4.6 自行车停放点

虽然现在驾驶汽车的人越来越多，但非机动车还是占有一定的比例，商业仍然需要考虑非机动车的布置与流线问题——布置好了，可能起到有效引导人流的作用，布置不好可能会影响商业的形象，自行车乱摆乱放无疑也是商业管理的一个难题。

现在许多发达城市在实行城市公共自行车租用系统，把握好这一点也可以给商业带来有利的影响，如果商业周边有免费租用的城市自行车停放点，那么城市居民到达项目又会多了一份便利。

第三篇　**策划定位**
Planning
&
Positioning

Chapter

03

综合前篇的所有条件，拿到了一块非常适合商业开发的地块，并不意味着该项目定能成功。商业项目非常复杂，各环节各部门都需紧密配合，要达到商业地块的成功开发还需经历好几个重大的过程和决策，而第二个非常重要的过程即为——定位。定位决定了后期设计、招商、运营、销售的所有条件，如果定位定错了，后面的工作也会跟着错，当后期工作完成，开发商已经投入了大量的资金，到时候想改都难。

国内很多的商业项目不少都因为定位错误而造成运营不佳，有些项目会通过后期调整定位和业态达到项目最终运营的成功，这是需要足够的资金成本和时间成本的，而有些项目无法实现及时调整定位和业态，最后很可能面临死盘的结果。因此，为降低风险，最好还是在前期的时候就将定位定准，这样能少走很多弯路，商业回报也能相对迅速一些。

商业定位会有专业的团队来进行，需要从各个不同方面进行数据收集，包括实地调研和网络信息收集对比。笔者对如何收集数据不做多的阐述，只对定位的内容和思考方法进行叙述，而在此之前最好有详细的前期数据，那么这些数据就可以在本篇的定位工作内容中发挥作用。

定位是定什么内容？简单来说，其实就是级别、产品、规模、档次、业态及其组合这六大内容。做到了准确的定位能保证商业利益最大化，并能维持长期稳定的运营，换句话说，有了好的土壤，还需要一个好坯子。在定位的过程中，不仅应充分评估开发商的开发实力和开发经验，并以实际经验和数据来引导开发思路，促成开发目的达成，也应对先入为主的不合适的想法提出质疑，做到有理有据。

3.1
级别的确定

商业地产项目可分为四个级别：城市级商业、区域级商业、社区级商业和街道级商业。四类商业级别不仅仅区别在规模上的不同，在地理位置、辐射范围、消费人数、商业定位、业态内容及影响力等方面都决定着商业级别的不同。而商业级别越高，说明商业的综合性越强，辐射面更宽广，物业价值也越高。但在项目定位时，并不能一味地追求更大更强，还是需根据实际条件来进行抉择。

需要说明的是，当商业运营了一定的时间后，它的人流量和影响力等都会上升，商业的级别也许会跟着上升。因此级别可能是一个动态的综合的评价结果。

3.1.1 城市级商业

城市级商业为商业中能级最高的商业形式。城市级商业必定具有较大的影响力，因此它在某一方面必须具有特别明显的优势，而有些项目则是在长时间的城市进程中慢慢发展成为城市级商业的，但不管为哪种，城市级商业均处于一个城市消费购物活动的中心地带。

1. 地理位置

城市级商业的地理位置大多在城市的中心，不管是城市过去的中心（旧城）还是未来的中心（新城），它在地理位置上都具有一定的优势，这样有利于城市居民较为方便地抵达。

2. 面积规模

城市级商业的面积规模一般会是城市中最大的，它可能不仅仅是由单个商业建筑构成，它更多是通过多个商业聚集在一起而形成的城市商圈。因此城市级商圈的总商业面积一定不会小，位于城市级商圈的商业项目其规模通常会在 10 万 m² 以上。

3. 辐射范围

城市级商业的辐射范围根据城市大小不同而不同，城市级商业顾名思义其辐射范围为整个城市，城市级意味着不管城市居民在何位置，都可能会到达该商业进行消费，甚至会有其他城市的消费者。它受交通及距离的影响最小，是因为它具备非常巨大的影响力。常规城市商圈的距离大约为 10km~20km 左右。

4. 消费人数

城市级商业一般已形成商圈，消费人数非常多，大概在 100 万以上。

5. 商业定位

在一个城市的消费水平的基础上，城市级商业的定位一般不会低，可能代表着这个城市较高的消费标准，因为区域、社区等商业一般不会定位特别高，因此城市级商业必定承担起满足高消费需求的职能。

6. 业态内容

由于城市级商业的规模最大，而一个城市不会出现太多的城市级商圈，它所涉及的人群广泛，辐射范围也较广，因此城市级商圈必须能满足不同消费需求的职能，城市级消费必定拥有其他级别商业所没有的业态内容，且其内容应该相当丰富。城市级商圈由于其极高的商业地价价值，所获得的租金收益也较高，因此业态内容的零售比例相对其他级别商业最高。

如果一个项目想要定级为城市级商业，不仅需具有以上成熟的条件，资金实力及招商运营能力也是不可缺少的考虑因素。而能具有城市级开发潜力的地块，一般也是城市中的黄金地段，因此一般由较有实力的开发商进行开发。

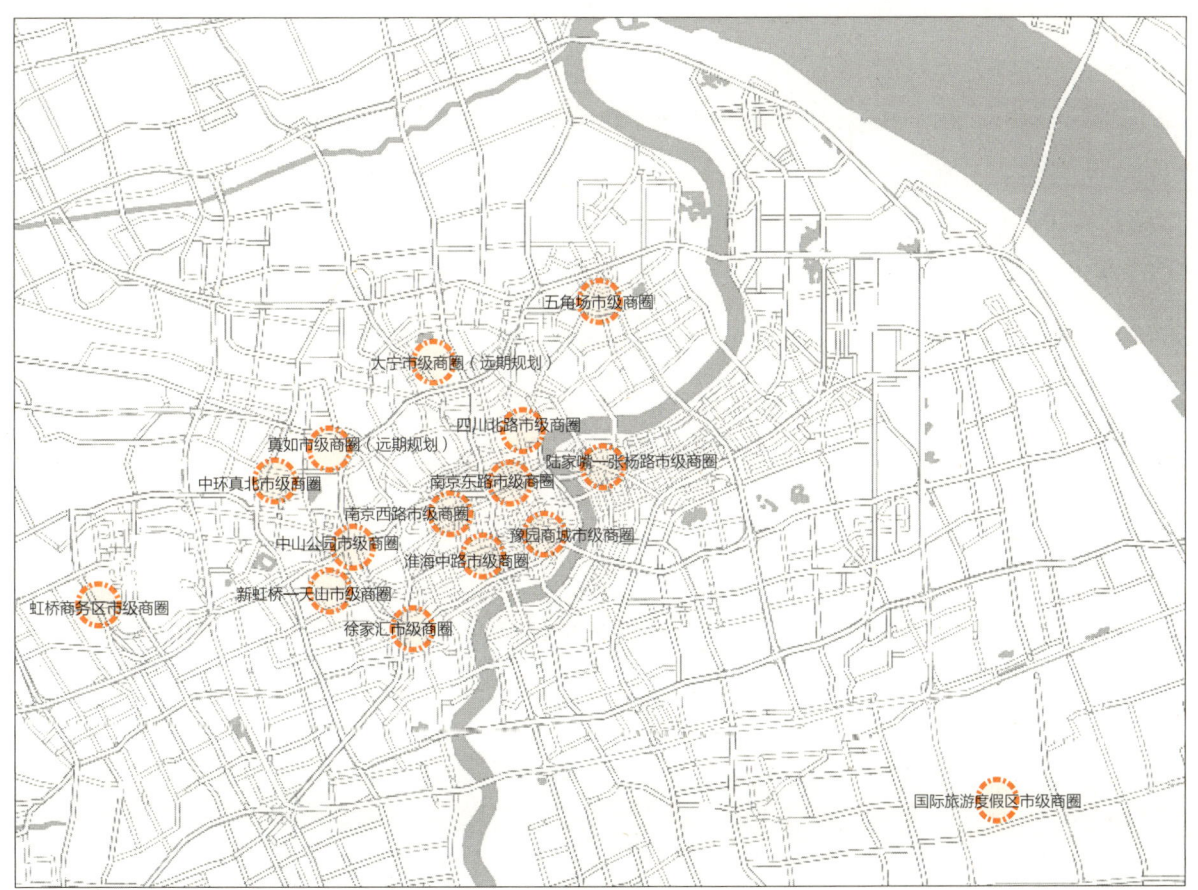

图 3-1　上海城市级商圈

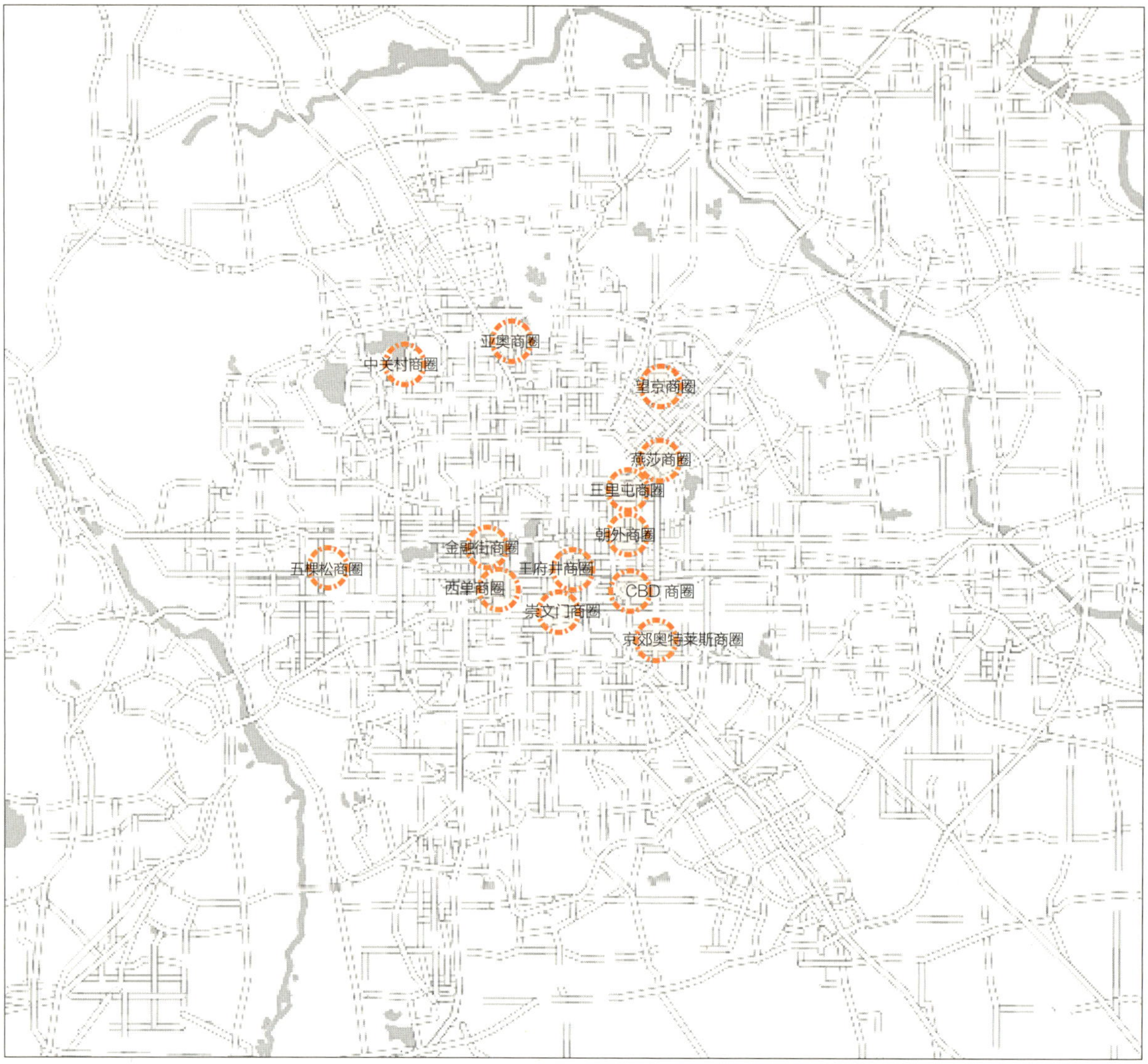

图 3-2 北京城市级商圈

图 3-3 深圳城市级商圈

3.1.2 区域级商业

区域级商业为城市一定范围内的商业中心，它比社区级商业能级高，又比城市级商业能级低，它在很多方面可能具备城市级商业水平，但由于在某些方面条件的欠缺，使其成为比城市级商业低一层级的商业中心。区域级商业是商业发展到离心聚集阶段的结果。离心聚集阶段意味着：商业不再全向城市中心聚拢，而是各区域形成商业中心。离心聚集是商业发展的一个高级别现象，日本已发展到此阶段，而国内一线城市也已基本发展到这一阶段（上海、北京、深圳等）。

1. 地理位置

不在成熟城市级商圈内的商业很难发展成城市级商业，而区域级商业也应有较好的地理位置，应在区域的中心，交通较为方便，区域内人流可达性好。

2. 面积规模

一般会在约 10 万 m²，区域级商业的规模就单个项目来讲不一定会比城市级商业的规模小（根据城市大小不同有浮动）。

3. 辐射范围

约 5~10km（根据城市大小不同有浮动）。

4. 消费人数

40 万左右。

5. 商业定位

区域级商业由于比城市级辐射范围小，要满足的人群范围也小一些，定位大多为中端或中高端。但这并不是一定的，在有些高端区域的商业，为了满足周边居民的消费需求，也有定位成高端的（如上海长宁区高岛屋百货、尚嘉中心）。

6. 业态内容

区域级商业既满足区域内居民的购物需求，同时也满足他们的生活及休闲需求，因此，区域级商业零售与休闲娱乐及餐饮的比例为各占一半左右。

图 3-4　上海高岛屋百货

图 3-5　上海尚嘉中心

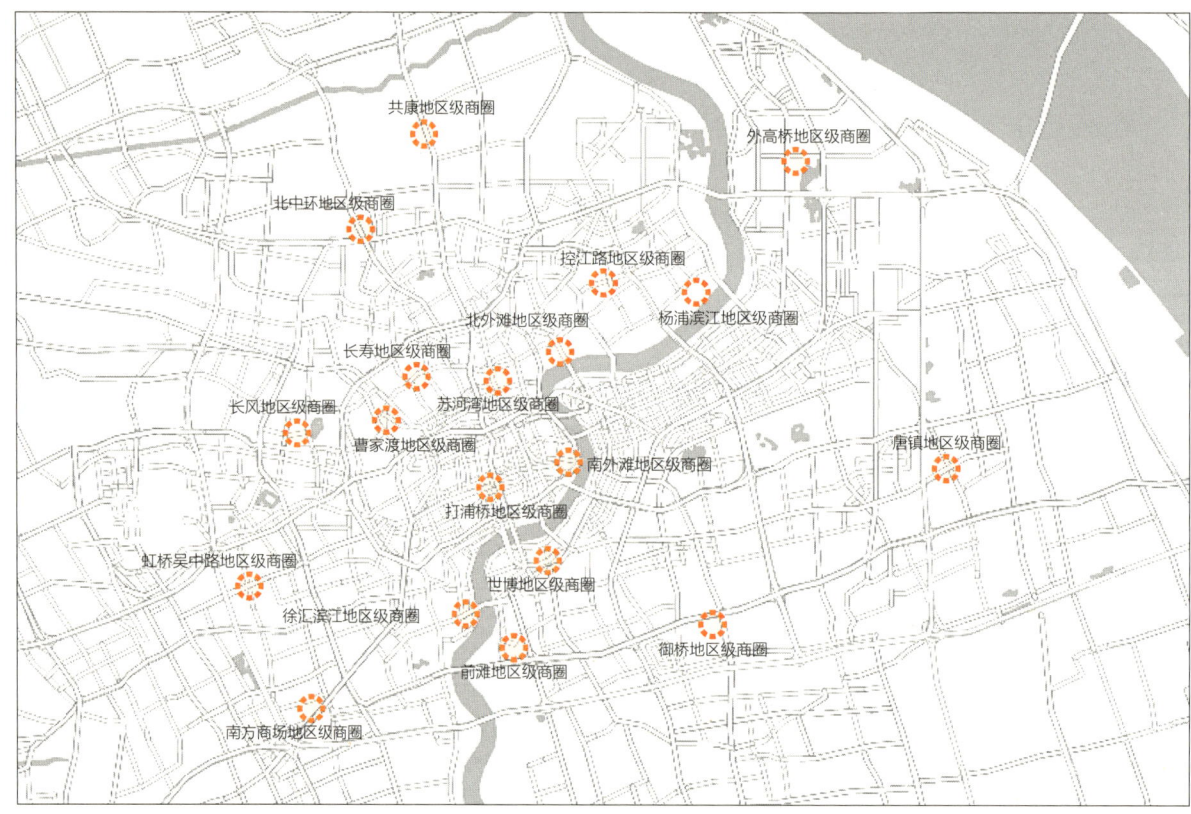

图 3-6 上海区域级商圈

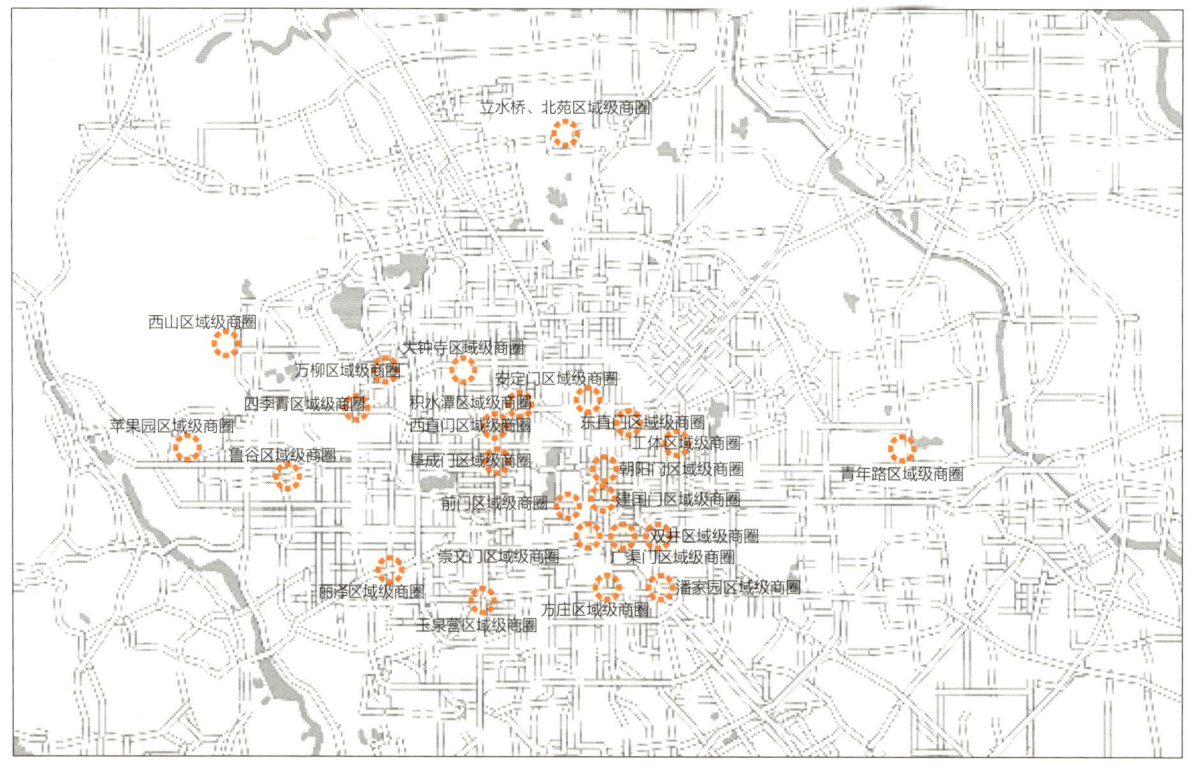

图 3-7 北京区域级商圈

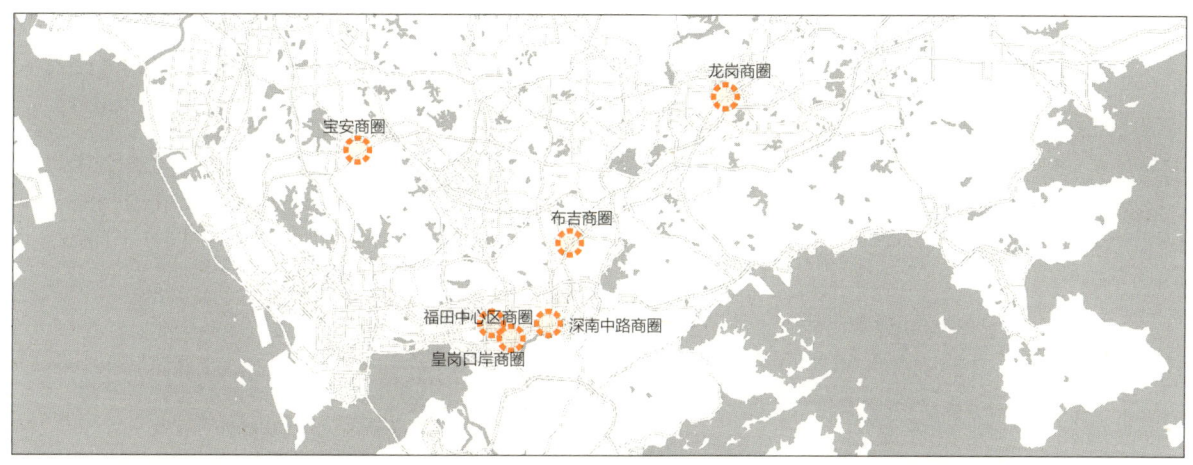

图 3-8　深圳区域级商圈

3.1.3 社区级商业

1. 地理位置

社区级商业一般服务于某个更小的片区，片区可能由一个或几个社区组成，消费人群大多为附近周边社区的人流。

2. 面积规模

社区商业面积大的一般会在约 5 万 m²。小的在 2~5 万 m² 之间。

3. 辐射范围

3km 以内。（根据城市大小不同有浮动）

4. 消费人数

20 万左右。（根据城市大小不同有浮动）

5. 商业定位

中端或中低端，也有高端社区定位高端的（上海浦东嘉里中心在高端社区，定位也相对较高）。

6. 业态内容

休闲娱乐及餐饮比例大幅度增加，零售相对减少。生活配套内容增加。

社区商业是一种以社区范围内的居民为服务对象，以便民、利民、满足和促进居民综合消费为目标。社区商业所提供的服务主要是社区居民需要的日常生活服务，这些服务具有日常性、便利性，但其价格未必低廉。因此社区商业具有稳定的市场基础，并将随着居民收入水平的提高得到更大的发展。

社区商业的开发周期不是很长，开发难度相对不是很大，消费者也越来越多的接受便利的消费模式，因此从供求关系上来讲，社区商业将会是国内商业发展的重头戏。

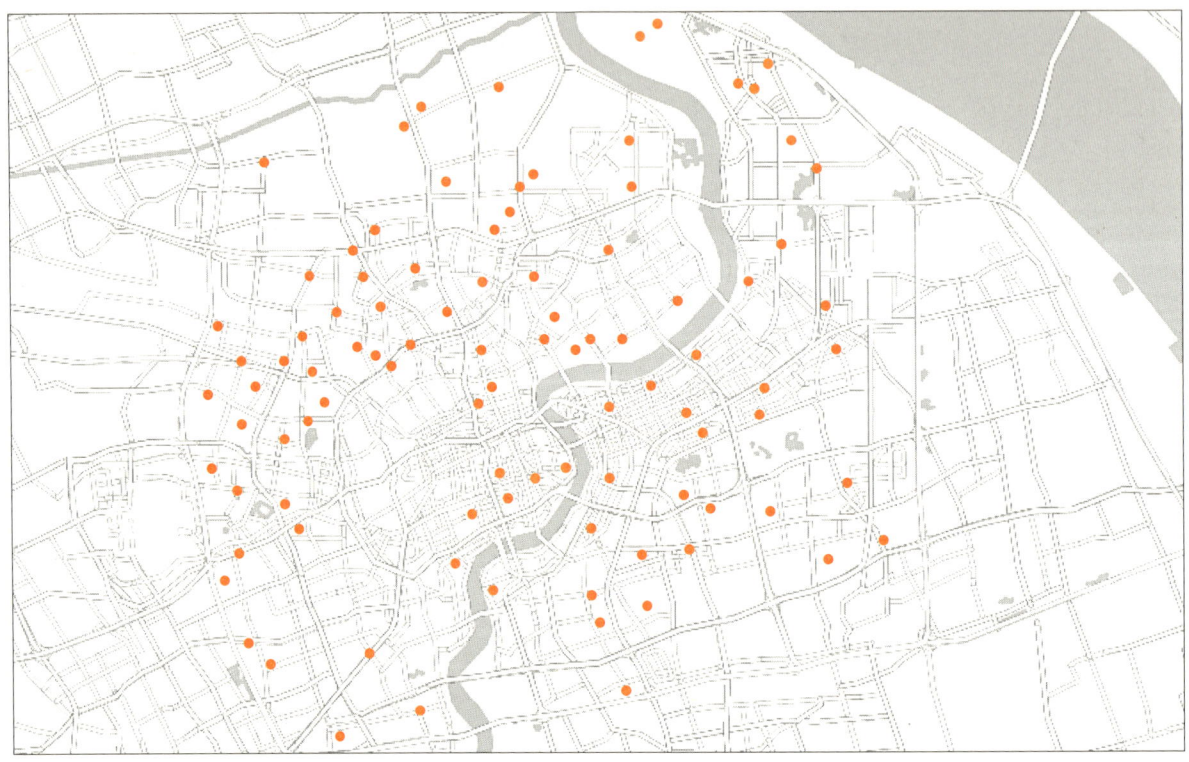

图 3-9 上海社区级商业

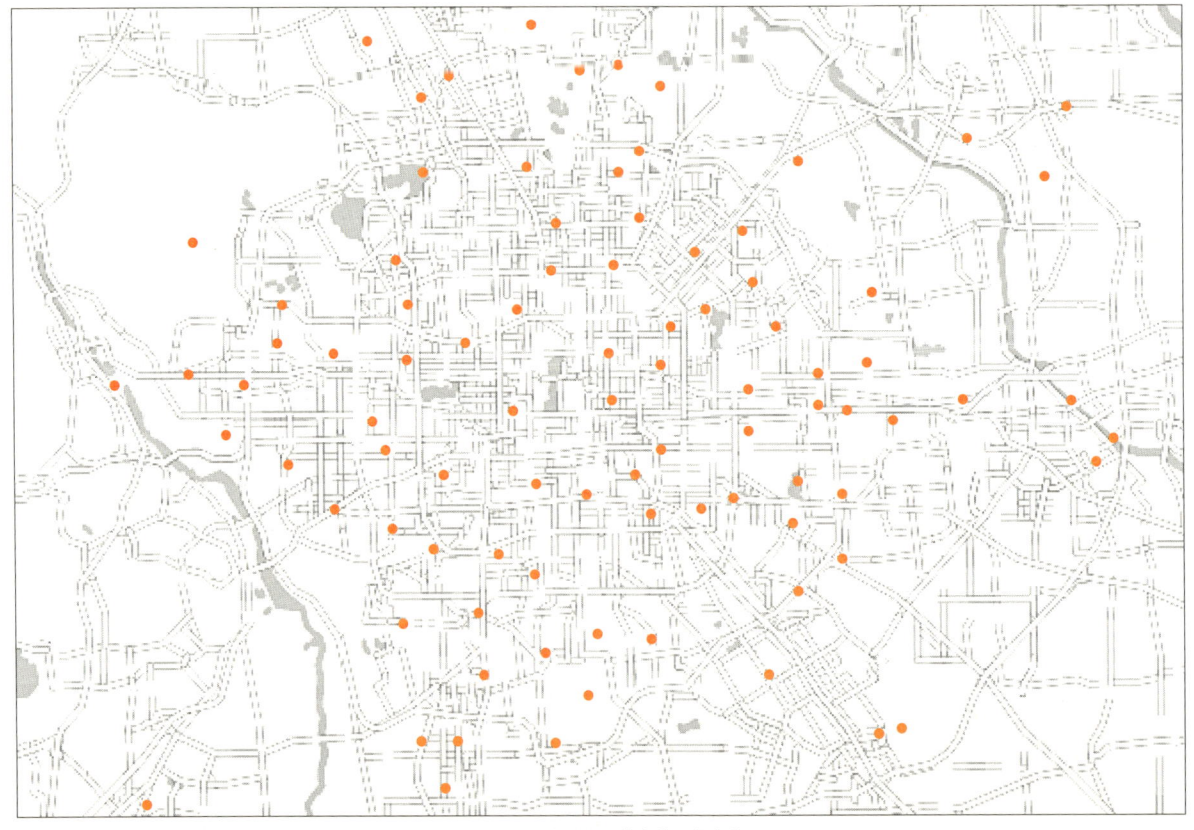

图 3-10 北京社区级商业

图 3-11　深圳社区级商业

3.1.4　街道级商业

　　街道级商业相对以上三种级别商业，形式规模最小，能级也最低，可以为自发形成的，也可能是统一规划的，但辐射面积和人群均较小，辐射半径在 500m 左右，可能服务于一个小区或者在一个十字街口服务于其临近的几个小区。

　　在定位中，综合上述因素考虑项目的开发级别，有些是内在因素（规模、定位、业态），它取决于开发商的资金及招商运营能力；有些是外在因素（地理位置、辐射范围、消费人数），它是地块自身条件，根据实际条件对商业级别进行定位，才能为其他的定位内容打下较好的基础。

3.2
产品的确定

3.2.1 综合体产品内容确定

商业综合体中包含着多种类型产品，如酒店、办公、公寓、商业、住宅、文化等，不同的产品能为地块带来不同的人流，达到地块内自身消费的效果，因此国内各个城市均出现了许多商业综合体。而综合体的产品并非随意设置，需根据周边人流的消费需求、周边环境、周边人群消费能力种种因素进行设置，而随意设置产品类型不仅无法达到互相弥补搭配的效果，还会造成地块价值的浪费。

1. 商业

综合体如具备开发的价值，商业可以说是必做的，因为商业不仅能带来人气，且本身的价值是最大的，对于地块的形象也具有代表作用，拥有一定的号召力。但是商业做何种形式也需要根据情况而定，是做购物中心还是商业区或者是商业街，这些必须根据人流量和消费习惯来作判断。

2. 办公

办公的设置对区位要求比较高，城市较好地段、城市站、地铁站附近、集中办公区、商务区、免税区、大学周边均适合设置办公建筑。而位置太偏的地段，交通不便的地段，或者居住密集区则不太适合做办公建筑。办公建筑的人流一般具有较强的消费实力，对商业是一个有力的支持。

3. 公寓

公寓是介于住宅与办公之间的产品，可住可办公，公寓的主要优势在于小，售价便宜，前些年房地产行情较好，公寓投资类的比较多，现在投资的情况有所降低。公寓产品在满足投资人群的需求外，也需更多地考虑宜居性和便利性。比如买公寓通常是这些人：年轻人、创业者、投资者。因此公寓产品对地段、配套、交通都有一定的要求，但真能达到一定的好条件，公寓产品的销售速度会很快，故公寓成为综合体中资金回笼的一个重要产品。虽然如此，但也不可盲目开发，需结合周边条件综合考虑，如不具备条件会造成成本浪费，如条件过于优越，开发公寓未免可惜，因为公寓的售价一般较低，比起商业办公的价值就更加不如，并且在综合体中，公寓人群的消费能力不如办公，对商业的支持也比不上办公，因此需综合衡量考虑。

4. 酒店

酒店很多都是按地块规划要点要求做的，在拿地的过程中会发现，需要做高星级酒店的地，一般位置和条件会比较好。而综合体如是根据自身需求而确定是否做酒店产品，便需调研周边人群的消费需求及 1km 内是否具有同类产品，还需做成本测算，最终来判断是否做酒店。如果所在地段属于办公密集区、居住密集区、大学密集区、城市站附近、旅游景区内都具备设置酒店的条件，或者是在城市较中心的位置也是不错的。而设置何种档次的酒店，还需根据每个地块的情况和周边人流消费水平决定。

5. 住宅

许多综合体用地中会有住宅的指标，笔者建议如果用地性质允许的话，尽量还是搭配一些住宅，住宅产品虽利润不高，现在也并非像往年一样那么好销售，但是其价值会随着商业的开盘而提升，并且也能提供不少商业人流。而且住宅是比较稳定的产品，开发风险没有其他产品大，可以作为预抗风险的保障。

3.2.2 商业产品形式确定

商业产品一旦确定，需考虑以何种形式进行设置，不同形式的商业其投入和运营模式均不同，回报方式也不尽相同。国内开发商业的主要类型为购物中心、商业街和专业市场。

1. 购物中心

购物中心比较注重开发团队的综合实力，在资本上可能需要有足够的实力，在招商、运营上也需非常专业，总体相对投入成本和精力会大一些。虽然如此，购物中心却是目前最新且最容易被购物者接纳的形式，因为购物中心具备舒适的环境、有序的管理、丰富的业态，属于综合性商业服务中心，尤其在近些年发展较快。购物中心由于其重经营的特色，一般很少出售。

购物中心由于投入较大，物业类型基本靠自持，回收利润较慢，因此很多开发商会望而却步。但目前购物中心比较受消费者认可，也是近些年商业发展的大趋势，在商业开发中，很难避开这一点。而只要将购物中心运营起来，它的收益是长久的，稳定的。

2. 商业街

商业街也是一种很常见的商业形式，已发展多年，商业街较购物中心来说，操作相对简单一些，投入也没有那么的大，而且商业街可租可售，对租金回笼这块较为有利，如果较有特色和风情也是被消费者所喜爱的。

但针对于商业街的开发，也有一些误区。目前国内商业街多为简单的结合室外步行街而设置的商铺。很多开发商和设计者认为，购物中心投入成本高，需要强大的招商和运营团队，而步行街只需建设几层小楼就可以卖了，因此不论在何种地方何种情况都要开发过量的商业街。这是一种非常危险的做法，在前几年投资商铺兴起时，很多开发商靠出售商铺获得了很大的利润，但是现在国内房地产市场趋于冷静和理性，出售商铺绝不是那么简单的事情了。而国内商业街单一的业态，乏味的环境，无趣的空间，加之运营管理较弱，国内做得好的商业街很少，反倒死掉的却特别多。

商业街因为室外的较多，需要较好的天气与环境，又需要颇具特色才能成功，因此做一条成功的商业街也并不是那么容易。国内的商业街数量明显过多，有些地方并不具备商业街的条件也盲目开发，导致项目失败。真正成功的商业街也是需要运营的。像上海百联西郊，它的建筑形态为街区形式，但是其物业大部分自持，且业态与主力店相比于购物中心不会有差，反倒更丰富，因此其生意一直很好。独立成为商业街区成功的也有，便是旅游或具有文化特色的区域较多（如上海新天地），或者早已运行多年的商业街区（如上海玫瑰坊）。

图 3-12　上海百联西郊　　　　　　图 3-13　上海新天地　　　　　　图 3-14　上海玫瑰坊

3. 购物中心与商业街结合

这两种商业模式的结合有利于业态和形态的互补，更有利于项目灵活操作。商业街与购物中心的结合也是一种较为讨好的方式，商业街业态以休闲餐饮或特色街区居多，依靠购物中心的人流进行运营，但区别于购物中心的是，室外商业街更具有风情和情调，环境也很轻松优雅。但这种街区的量不能太多，只占一定比例，较之于购物中心，它是一种从属关系。很多成功案例便是如此。

图 3-15　上海港汇广场室外商业街　　　　　　图 3-16　上海南丰城室外商业街

4. 专业市场

专业市场对城市交通和物流仓库的要求特别高，对规模也有一定的要求，并且对区域配套也有一定要求，并不是每个地方都适合做专业市场。而专业市场比起上面几种，操作其实相对直接，并且很多为出售，因此很多刚转为商业地产开发的地产商有时候很喜欢往这个方向偏，但是由于专业市场条件并不一定是人为能控制的，跟城市发展有很大关系，因此也不建议盲目开发。

3.2.3 住宅、办公、公寓、酒店产品形式确定

1. 住宅

如果有住宅的内容，需确定主力户型及比例，这也需要根据定位与销售来进行分析。

2. 办公

办公需要确定的内容较为简单，未来是出租还是出售，办公面积划分大概为多少。另外需要注意的是，在不同的地段应相应地开发合适级别的办公楼产品。

3. 公寓

公寓需确定公寓类型，是全出售的公寓，还是出租的公寓，或是酒店式管理的公寓。另外根据单套销售总额，应确定公寓的主力户型为多少面积。

4. 酒店

在这个阶段，其实主要还是定酒店的星级标准或者酒店性质。常规酒店从三星到五星其要求各有不同，另外是经济型酒店、商务酒店还是精品酒店，这都要根据客群定位和消费水平来确定。

3.3
规模的确定

如果我们确定了需要做的产品，那么每个产品的规模也是定位中一个重要的因素，做多了会导致空置、资金运转停滞、影响整体氛围等问题，做少了又无法将地块的利益最大化。因此我们一般会在理性分析数据的基础上再预留 10%~20% 的发展空间，那么数据就是我们非常重要的因素。

一般开发商会找专业的策划公司来进行分析，为确保数据的合理性，笔者建议建筑设计院在设计之前也做好数据分析工作，从不同途径获得数据是有好处的。第一能从多方面反映数据情况和数据结构；第二将数据不合理性的机会大大减小，使得开发商做决策更有依据；第三，作为设计师，调研数据的同时，可增加对地块的了解，控制好设计的规模和构成。

那么定量的步骤该如何进行，笔者自己总结了一套逻辑。如果为商业综合体，那商业必然对此地块的作用是主导性的，因为商业只要运营的好，价值是稳定持久的，因此我们一般会先测算商业的量，然后我们再来确定究竟公寓和办公哪个产品更好，需根据地块情况、区位位置及市场清楚做一个分析，第二个测算的量将会是其中一个较好的产品。最后便是酒店，因为酒店的成本最高，而成本回收却最慢。如果有其他类型的产品，可放在酒店之前。

值得一提的是，酒店往往是开发商最不愿意做的，很多都是政府在卖地的时候要求建设的。但是现在情况有所改变，一是酒店是资产保值的一个很好的方式，酒店运营多年，最差的也会保值到资产的 75%；二是近些年随着消费观念的改变，酒店的生意也越来越好，特别是宴会厅，每天婚宴会议的营业额便不可小觑；三是酒店对商业综合体来说可以提升品牌形象，而且可以带来人流量。因此在提升产品丰富度的前提下，酒店也是一个很不错的选择。

另外，如果项目中有适量住宅的话，一般会有固定配比，根据配比进行设计即可。

3.3.1 商业容量计算

商业容量一般根据人流量为依据进行计算，国际人均商业面积配套标准为 1m²~1.2m²，国内商务部对社区商业配套人均面积规定为：0.5m²~0.7m²。很显然国内的人口基数及购物水准不同于国外，并且每个城市也不一样，需根据商业的经验和对国内各城市的了解进行一个判断，因此此数据可能浮动较大，而笔者设计了一套验算方法，两种方式的结果可进行对比，从而得到一个更加有效的理性思考的商业容量的结果。那么如何验算商业容量呢？首先商业综合体可分为四种，即城市级商业、区域级商业、社区级商业和街道级商业。四种商业的规模不同，辐射及影响力也不同。而不管是哪种级别的商业，各个地区都有商业竞争的情况产生，因此不仅应把握辐射范围内人流量的数据，还应掌握范围内已有商业的量。下面以社区型商业为例进行一个仔细的方法计算分析。

社区型商业的容量计算（其他类型的商业可根据社区型商业列出的方法进行类似计算）：

步骤一

确定范围。社区型商业的辐射半径一般 3km 以内，此数据是根据对多个城市社区型商业进行分析而得出的数据。如有具体的项目，也可根据此方法，对商业的辐射半径做一个具体的定义。

步骤二

计算 3km 范围内各个小区的人口量，住宅的人口一般为这个区域内固定的消费人口，而办公楼和学校等则为偶然消费人口，可作为商业量的增幅进行考虑。假设某社区商业 3km 范围内居住人口为 16 万。

步骤三

搜集辐射范围内其他商业的量，假设基地周边其他商业的量为 4 万 m²。

步骤四

计算数据。

16万人	×	0.5~0.7m²	−	4万 m²	=	4万~7.2万 m²
3km 范围内居住人口数		国内商务部对社区商业配套人均面积的规定		基地周边已有商业的量		本地块可消化商业的量

步骤五

进行验算。因为 0.5m²~0.7m² 这个数据为国家商务部的一个统筹估计，且为变值，根据此计算差距较大，不能拿此数据作为唯一依据，因此笔者总结了一套经验性的验算方法。举例如下：比如查出项目所在城市居民月收入水平可能在人均 4000 元左右。考虑到当地居民消费意识，可保守估计每人每月平均需消费的金额为 1500 元（人均社零额占收入比例定为 37.5% 左右），除去生活水电煤、网络消费及在其他区域的实体商业的消费，可将每人在 3km 内实体商业每月消费的金额定为 500 元（需根据城市区域实体消费水平及调研结果最后确定）。那么 3km

内每月产生的营业额可为 16 万人 ×500 元 =8000 万元。通常一个店铺的租金成本可占营业额中的 1/3，因此此营业额花在店铺租金上的金额为 8000 万元 /3=2666 万元，如社区内为 8 万 m² 的店铺（4 万新增 +4 万已有），则每日租金可为 2666 万元 /8 万 m²/30 天 =11 元 /m²/ 天。而此区域的实际商业租金水平为 2~5 元 /m²/ 天。因此说明我们计算的商业的量 8 万 m² 可再增加，如果增加为 12 万 m²（8 万新增 +4 万已有），如下：2666 万元 /12 万 m²/30 天 =7.4 元 /m²/ 天，也高出目前此地实际租金水平。但商业项目建成运营一般需要几年时间，也需考虑物价上涨及地产升值影响，7.4 元 /m²/ 天对于此地块建成后来说是一个比较实际的租金水平，因此做 8 万 m² 的新增商业较为合理，再增加量的话，可能会导致商业超过饱和量，形成恶性竞争，反而会导致租金降低。加之如果开发商的招商能力有限或开发经验不足，建议保守开发，保证一个可靠且稳定的量。

在考虑已有商业容量时，具有一定消费者数量和营业额的运营较好的商业应重点考虑，而商业运营不善或者老旧导致无人问津的，因为其无竞争能力，或者可能很快会被取代，在计算时，可不考虑其商业的量。而为何最终以租金来反映数据可靠性，是因为租金标准既是开发商基本的利益回报，也是实体店能否盈利的一个基本条件，实体店有盈利，项目才能稳定运营，说明商业容量才较为合理。租金水平同时也是体现地块区域价值的一个标准。

16 万人 × 500 元 × 1/3 ÷ 8 万 m² ÷ 30 天 = 11 元 /m²/ 天
（4 万新增 +4 万已有）

人口数　　　　实体消费　　　房租系数　　商业面积　　　天数　　　　每日每平租金水平

因为 11 元 /m²/ 天的租金水平相比于本地现有租金水平（2~5 元 /m²/ 天）过高，增加商业面积到 12 万 m²：

16 万人 × 500 元 × 1/3 ÷ 12 万 m² ÷ 30 天 = 7 元 /m²/ 天
（8 万新增 +4 万已有）

人口数　　　　实体消费　　　房租系数　　商业面积　　　天数　　　　每日每平租金水平

3.3.2 住宅、酒店、办公、公寓容量计算

1. 住宅

住宅产品抗风险性较强，如果能搭配些住宅能大大减小开发的压力。一般地块均会有规划设计要点，对住宅的量有一定的控制，住宅在设计时一般会将指标做到极限。

2. 酒店

如果选择或者要求做酒店，通常参照规划设计要点中关于酒店指标的要求和酒店管理公司的要求设置。如果确定了入驻酒店的品牌，可根据该酒店品牌的要求确定酒店各个功能面积。

3. 办公及公寓

地块会有容积率限制，除去商业 + 住宅 + 酒店产品的量，剩下的便可作为办公及公寓的量。

3.4
商业档次的确定

　　如何确定商业的档次，这一步定位也非常的关键。档次的高低影响着消费者的抉择及商业之间的竞争，商业档次低了，消费者不认可，高了消费者无力承担。档次的确定决定着招商的品牌、建筑的空间大小、装修的风格及机电的成本。如果定错了档次，很可能要进行后期大整改，投入的前期建造成本很大部分将付之东流。如果不整改又无法运营，经营惨淡，损失将更大。这都对开发商是极大的打击，而资金流的断裂也可能成为一个商业开发失败的重大因素。也有经历好几次档次调整后达到运营成功的商业，如上海正大广场。

　　消费人群的消费额能决定商业的档次（人均售零额，超市客单价很能反映居民消费水平，另外可将餐饮客单价、服装客单价、娱乐客单价等进行横向比较），在一个片区内，如果居民收入都较高，周边住宅档次较高，那么相对应商业的档次也应相对较高。而主力消费者年龄段有时也能反映商业档次的需求，比如消费主体如果是年轻人，那么档次太低便可能不会太被接受，如大悦城的目标客户群体聚焦于中产青年族群。如果消费者都为年龄较大的居民，那么他们的消费习惯可能相对比较保守，档次太高可能也不太合适。如果消费主群体为家庭，那么就要综合考虑，档次不宜太高或者太低，最好能尽量满足不同年龄的消费人群。那么是否所有商业都定为中端就好了，因为那样服务的人群范围便比较广泛。笔者想要说明的是，有时候档次定得比较统泛可能会比较保险，但过于保险可能会失去应有的价值和特色。

　　也可以采用横向对比法，对商业档次进行定位，通过对同类型城市的同类型区域的档次进行一个横向对比，再分析周边已有商业档次，进行一个差异化档次定位，与周边商业在档次上拉开差距，以此来获得良性竞争，吸引不同类群的消费者。如上海徐家汇商圈的商业量非常的大，为了满足不同人的需求，每个购物中心甚至百货都会在定位和内容上拉开差距，形成差异化竞争，徐家汇如此成熟的商业化差异配置是经过长年市场竞争和商业自我调整的结果，是上海非常重要的城市级商业中心。

3.5
业态的确定

不一样的人配不一样的衣服物件，这才能做到各尽其美，恰到好处。商业也一样，定好了产品、容量和档次，最后只需要填进去合适的内容。不同定位的商业应该有不同业态内容，每种业态一般都会有自己的定位和消费人群，一旦找准了，那便是一拍即合、水到渠成的事情。

经营功能组合参考　　　　　　　　　　　　　表3-1

项目名称	开业日期	商业性质	地上建筑面积（万 m²）	物业形态	经营业态业种
五角场万达广场	2006 年	市级购物中心	29.3	5 幢商业裙楼 3 幢办公楼	集购物、餐饮、休闲、文化、娱乐、办公六大功能于一身
大宁国际商业广场	2006 年	市级购物中心（远期规划）	20.0	15 幢现代商业建筑 11 个大小广场 2 公里的步行道	大型超市、零售、餐饮、娱乐、文化、教育和城市生活配套设施商务酒店、办公楼（SOHO 式办公楼）等多种业态
港汇广场	1999 年	市级购物中心	35.0	2 幢商业裙楼 2 幢办公楼 1 幢公寓	大型超市、零售、餐饮、娱乐、服务式公寓和写字楼等多种业态
南方友谊商城	1999 年 2008 年	区域级购物中心	16.3	2 幢商业建筑	大型超市、主力百货、品牌专卖、餐饮、休闲娱乐、艺术中心、五星级酒店等多种业态
长风景畔广场	2012 年	区域级购物中心	12.6	1 幢商业建筑	大型超市、主题商场、品牌专卖、休闲娱乐、儿童、美食等多种业态
大悦城	2010 年 2015 年	区域级购物中心	40.0	2 幢商业建筑 住宅、公寓、酒店	购物、餐饮、休闲、文化、娱乐等多种业态
联洋大拇指广场	2005 年	社区级购物中心	11.2	22 幢建筑单体组合，沿街商铺、1 幢酒店	大型超市、主题商场、精品购物、休闲娱乐、艺术中心、五星级酒店等多种业态
浦东嘉里中心	2011 年	社区级购物中心	23.0	1 幢商业裙楼 1 幢办公楼 1 幢酒店、1 幢公寓	集购物、餐饮、休闲、娱乐、五星级酒店、服务式公寓和甲级写字楼于一身

在业态定位中，首先应对服务片区的人进行分析，周边为哪一类消费群体，对何种业态有一定的需求，并且应与竞争商业形成差异性业态，形成互补的良性竞争格局。首先应确定商业内的业态内容，再从业态中选取业种进行配置，最后确定各自的面积和比例，从而完成业态业种分配。

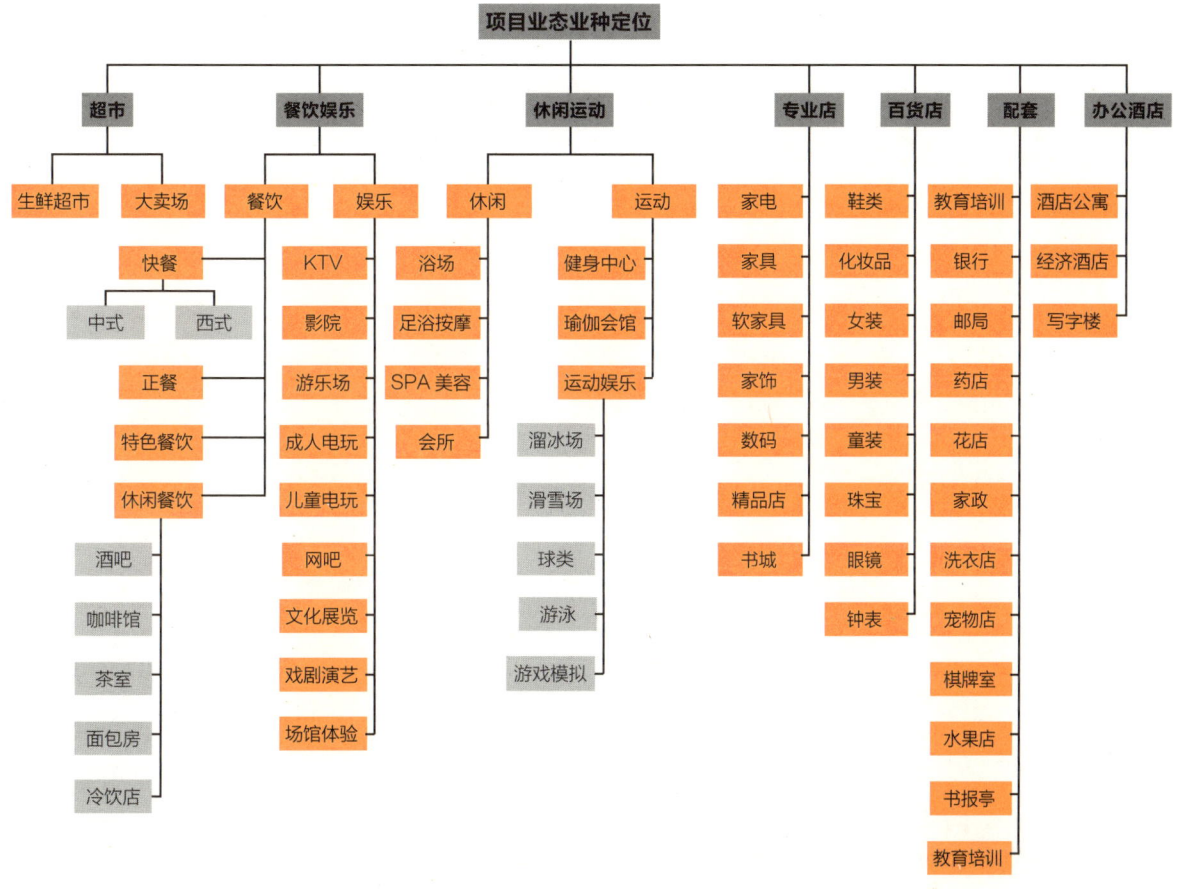

图 3-17　业态配制法

3.5.1　业态概述

中国的零售业态十多种，包括便利店、超级市场、大型综合超级市场、专业店、专卖店、仓储式卖场，另外还有餐饮店、服务业、会员制、折扣店、家具中心、精品店、百货商店、家电商城等。零售业态的单客营业额应该算最高的，租金承受能力也最高，在商业中承担着最大部分的租金付出。零售的建设成本也较低，但是零售的吸引客群的能力不会太大，辐射范围不会太远。

为了增加商业的体验性，新型的购物中心又加入了多种休闲娱乐业态，如影院、冰场、健身房、儿童游乐、KTV、运动馆、展览馆、剧院、保健美容等，餐饮业态的配置也越来越多。而现代商业中，停车场也是非常重要的一种业态。

3.5.2　百货

早期商业发展时，百货店承担着非常重要的作用，并曾一度达到高峰，但如今的百货由于种种问题却面临着退出时代舞台的格局，对经营状况不佳、租金水平不高、合约期长、营业面积大的百货店，购物中心越来越不愿意招收，而许多经营多年的百货商城又面临倒闭，到底百货业态该何去何从？

百货业态目前面临的问题有：

1. 新型购物中心及网络购物的冲击。

2. 自身盈利模式造成销售额及利润率下降，当前很多百货的净利润连 5% 都不到。

3. 老旧的购物模式，尤其是单调的购物空间让消费者失去兴趣。

4. 国内百货的品牌都大同小异，品牌同质化严重。

既然百货有如此多的问题，是否在主力店确定的时候就应该剔除掉百货这一业态？答案是否定的。百货虽在租金上贡献不大，但在特大型商业中引入百货还是非常有必要的。

1. 百货能填充一大块的商业面积，为前期运营招商减少了很大的压力；

2. 百货已拥有非常成熟的品牌和运营能力，在前期商业中能较快地进入角色和带动商业氛围；

3. 自营百货是解决前期招商开业及后期商业整改问题的一个方式，开业初期通过自营百货的开业来带动商业气氛和填充商业面积，待商业度过培育期，租金上涨后，再将自营百货改为其他店铺，这就减少了业态整改要付出的代价。

4. 现在新的百货形式正在进入国内购物中心，如国外百货及买手制百货等。

因此在定位中是否要招收百货需按情况而定。百货特点总结：填充面积作用显著，收益及营业额一般，租金承受能力较低。

3.5.3 超市

超市是业态中的重要组成部分，特别在居住区聚集的区域，超市成了必不可少的主力店。超市虽没有百货那样惨淡，但同样也面临着大面积换代的局面，这两年超市的关店率与开张率都非常的高，说明超市的调整力度是很大的。

传统超市目前面临的业态问题有：

1. 大卖场在一二线城市已不具备完全消费竞争力，仅在三四线城市还处于主导地位。

2. 不少卖场拥有经营不善的问题，专业化程度有待提高。

3. 消费者需求开始转变，超市需结合各种资源做战略调整，使超市更具有特色和竞争力。

目前超市业态调整有如下几个大动作：

1. 超市开始开启小业态便利店市场。

2. 超市逐步往购物中心方向发展，增加超市的体验性，增加商品多样性，提高消费的空间档次等。

3. 超市为加强自我特色，着手发展精品超市类别，精品超市在一二线城市获得较好的认可。

因此即便在业态定位中已经定了超市，也要考虑需引进哪类的超市，不同类别的超市消费人群及特点均不相同。在超市业态规模确定时，考虑商业整体的收益平衡性，业态配比时根据所引进超市的经营面积做相应调整。假如规划引进的是大型综合超市，则其他次主力店（餐饮、休闲、娱乐）的规划数量会相应减少，增加承租能力高、经营面积小的业种；假如规划引进的是小型社区超市，此时的超市只承担着次主力店的角色，则应规划更多的次主力店（餐饮、休闲、娱乐），以多个次主力店带动整体商业经营。超市特点总结：既能吸引人流，又能填充面积，收益及营业额还可以，但租金承受能力较低。

3.5.4 餐饮

民以食为天，目前餐饮在商业中的比重越来越大，未来几种新的餐饮模式将越来越流行。

1. 单品店：以某类食材制作的菜品或者某一款菜品为主打，只搭配少量配菜、甜品或饮品的餐饮店。

2. 休闲餐厅：在环境上和主题上都有其特色的形式，较受白领欢迎。

3. 与互联网结合的餐饮：通过网上订餐，这类餐饮会达到一个高的营业额。

4. 私人定制餐厅：根据顾客需求打造不同的产品，氛围更符合高端消费群体。

5. 智能厨房餐饮：将厨房内某流程通过智能机器来完成，节约人力成本和时间成本。

如果相对于其他大型主力店，餐饮是承租力较高的业态形式，而有些特色餐饮，又具备较强的吸引力，因此餐饮业态实为一个不错的选择。餐饮业态特点总结：单个餐饮店的吸引人流的能力没有其他主力店强，吸引客群的能力比零售强比娱乐差，收益及营业额还不错，租金承受能力也较高。但在餐饮业态上投入的设备成本比较高，且需有一定的后勤公摊面积。

3.5.5 影院

2014 年，全年新增银幕 5397 块，全年票房 296.39 亿，观众人次高达 8.3 亿，我国已成为除美国以外的第二大电影市场。2015 年的票房数也持续增长，这表明，影院是一个非常有号召力及优势的业态，影院目前也成为购物中心中必不可少的一分子。特别在三四线城市，其他类演艺节目较少，电影成为居民娱乐生活中重要的部分，因此在这些城市，尤其要注意影院业态的重要性。

在选择影院品牌时，要注意连锁影院目前占绝对优势，独立影院会越来越难经营；影院不一定完全追求最高层次，影院品牌的选择要根据当地消费水平来抉择，因为档次越高的影院品牌，需要投入的前期成本也比较高，票价也相对较贵。影院业态特点总结：影院作用主要是吸引人气，其单客消费额低，且受时间段限制，因此其租金承受能力很低。

3.5.6 儿童

目前，国内 12 岁以下儿童达 2.9 亿，18 岁以下青少年已接近 4 亿，青少年消费支出占整个家庭收入的 25%。现在全面二胎政策又已放开，中国会迎来一个新生儿的持续增长，这几年本来就很火爆的儿童业态会越来越有市场，儿童消费市场潜力巨大。

目前，在新型购物中心中，基本上都有儿童业态，试想一个小孩需要消费，小孩一般需要家长陪同，那么一个小孩可能为一个商业带来几倍的客流，因此儿童主力店的作用不容小觑。儿童业态目前在商业中的比例越来越大，在不断增加儿童单功能面积的同时，将儿童业态丰富化也能营造一种新格局，因为儿童有很多不同的内容和形式，但在选择时还需根据情况仔细定位，如上海南丰城将三层一整层都定为儿童业态。儿童业态特点总结：儿童业态既能吸引人流，又能填充面积，收益及营业额还不错，租金承受能力较低。

图 3-18 上海南丰城儿童业态

3.5.7 数码电器

前些年，电器店如苏宁、国美、永乐、五星等品牌在国内市场还占据着相当大的分量，它们很多都以独立的商场形式呈现，近几年随着电商的冲击，数码电器从独立形式进入商场成为主力店，也占据着较大的面积，一般为3000m²~20000m²左右。目前，哪怕是这种主力店形式的电器店，销售情况也不尽人意，因此数码电器的形势基本上会往更小主力店方向发展，像苹果、索尼之类以线下体验为主会成为主要形势，或者像顺电一类的小型百货类的电器主力店也较容易被接受。家电业态特点总结：在填充面积功能方面效果显著，租金承受能力较低。

3.5.8 健身房、运动馆、溜冰场等

全民运动成为目前城市人口的主要生活方式，因此健身房、运动馆、溜冰场这类运动形式的主力店在商业中比较受欢迎。健身房在商务办公区和居民区中都非常合适。运动馆以前常规的内容可能是羽毛球、乒乓球、射箭等，现在商业为了满足更多更丰富的要求，也会增加大跨度的篮球甚至足球，还有设备条件要求较高的真人CS、滑雪场、室内高尔夫等。需要注意的是，冰场业态虽然较受青少年欢迎，但是前期投入是比较大的，并且在人流量不是特别

集中的区域，营业额状况也很一般，因此多作为一个商业设计的亮点进行设置，也需要一定的资金投入。运动业态特点总结：单客消费额低，聚客能力较强，但租金承受能力较低。

3.5.9 文化展览、戏剧演艺等

目前商业内出现了一种新的主力店形式，如博物馆、展览馆、书店、话剧中心、演艺舞台等，随着居民文化水平的提高，这类演艺主题的活动场所越来越有吸引力，同电影一样，话剧演艺类文艺活动发展迅速，它们吸引人流量的功能也非常强大，因此在空间、结构跨度有条件的情况下，很多商业引进了这类功能，如新加坡乌节湾的艺术馆、上海美罗城话剧中心。文化演艺业态特点总结：主要起吸引人流作用，在发达城市，这类功能运营得较好，且对其进行时段性出租，能获得很不错的租金收益。

图 3-19　新加坡乌节湾艺术馆

图 3-20　上海美罗城话剧中心

3.5.10 KTV、电玩游艺等

KTV、电玩游艺一般会在社区级商业或中端及以下商业中比较多；电玩游艺以前在填充商业面积方面具有一定优势，但营业额也比较低，时效比较慢，且受众不大，因此很多商业在有更好的选择时，可能不会选择此类主力店。该业态特点是：租金承受能力最低，有一定的聚客能力。

3.5.11 美容、按摩等

美容按摩属于服务型商业，在办公区和居民区较多的社区级商业比较多。此类业态租金承受能力一般。

3.5.12 服务配套

服务配套包含了干洗店、面包店、烟酒专门店、花店、药店、水果店、美发店、邮局、银行、照片冲印等，是社区商业基本功能的展现，方便本社区及周边社区居民日常生活所需。此类业态租金承受能力一般。

3.5.13 停车配套

停车配套是现在商业非常重要的一个内容，很多消费者会因为停车问题决定是否选择一个商业。比如上海本地人去南京路步行街的消费者较少，一个很大的原因是该步行街停车不是很方便。目前国内由于用地比较紧张，停车场多建于地下，地下建造成本又较高，如果停车位设置不足，很多商业到后期生意较好的时候，会出现停车位紧缺的情况，影响商业的后期发展。

业态综合分析   表3-2

业态	吸客量	填充面积能力	收益及营业额	承租能力
零售	★★☆	★★☆	★★★	★★★
百货	★★☆	★★★	★★☆	★☆☆
超市	★★★	★★★	★★☆	★☆☆
餐饮	★★☆	★★☆	★★★	★★☆
影院	★★★	★★☆	★☆☆	★☆☆
儿童	★★★	★★☆	★★☆	★★☆
数码电器	★☆☆	★★★	★☆☆	★☆☆
健身房、运动馆、溜冰场	★★☆	★★☆	★☆☆	★☆☆
文化展览、戏剧演艺等	★★★	★★☆	★☆☆	★☆☆
KTV、电玩游艺	★☆☆	★★☆	★☆☆	★☆☆
美容、按摩等	★☆☆	★☆☆	★★☆	★★☆
服务配套	★☆☆	★☆☆	★★☆	★★☆

3.6
业态组合及配比的确定

有时候不同级别的商业业态相同，但比例不同，却导致了商业不同的经营状态甚至盈利亏损情况。有效配比各个业态不仅能使商业利益最大化，还能使商业运营越来越好。业态组合分为组合和配比两大项，一是选择合适的业态进行有效组合，以满足该项目人流的业态需求和做到聚客能力最大化，提升商业价值；二是将选择的业态配以不同的比例，达到租金收益最高化。

业态组合与租金承受能力、聚客能力、规模大小息息相关，因此业态组合是商业的核心内容，不同级别的商业的组合方式及业态比例也不尽相同。

3.6.1 市区级商业业态组合

市区级商业的地价往往是非常高的，因此在业态组合的时候尤其应该注意，否则便会浪费掉极大的价值。在各个级别商业业态配比分析时，分四个主要的大业态：零售、餐饮、休闲娱乐、配套服务四项。

1. 零售

零售能承受的租金是最高的，虽然目前绝大多数的购物中心中，零售比例越来越低，但在市区级商业中，大多数案例的零售比例相对于其他级别的商业还是会高很多，因为得考虑整体回报收益。因此市区级商业的零售一般会占50%~70%左右，楼层在低楼层。

2. 餐饮

餐饮的租金水平低于零售，但餐饮目前成为商业消费中不可缺少的部分，因此餐饮一般在市区级商业中还是会占相当的比例，大概为20%~30%，但也有做极少量餐饮的。

3. 休闲娱乐

休闲娱乐一般以主力店的形式呈现，因此一般在高楼层，其租金水平也最低，作用最重要还是吸引人流和填充面积，因为市区级商业的人流量具有一定优势，地价也较贵，总体经营来说并不需要承担太多的休闲娱乐，以特色业态为主要体现形式，比例大概为 10% 左右。

4. 配套服务

因为市区级商业并不是为普通的居民生活服务，所以配套服务在市区级商业中的比重最小，内容以银行居多，比例大概为 2%~7% 左右。

每个城市的居民消费水平不同，每个开发商主打的商业特色也不相同，因此个别商业业态比例可能会有些出入，比如来福士广场，它不管在哪个城市的哪个区域，均以生活为中心，那么它的餐饮和休闲娱乐比例会相对较高，零售也会比其他品牌的商业要低一些。

城市级商业业态业种配置分析　　　　　　　　　　　　　　　表 3-3

项目名称	超市/卖场	主力店	餐饮	休闲娱乐	运动健身
港汇广场 徐家汇市级商业中心	Ole`超市	名店运动城 宝贝城 金数码 优衣库	正餐：异彩采蝶轩、釜山料理 中西快餐：肯德基、必胜客、大马可、马上诺、鼎泰丰 休闲餐饮：必胜客、一茶一坐、代官山、葡京制造、港丽茶餐厅、避风塘、Bistrow、小辉哥、港丽餐厅、丼丼屋、天泰餐厅、苏浙汇、望湘园 特色餐饮：新元素、合掌寿司、Latina、鹿港小镇、板长寿司、小南国日式烧烤 茶馆咖啡：星巴克、Nespresso、Donut King、Lind 琳德、哈根达斯、快乐柠檬	玩具反斗城 永华影院	—
五角场 万达广场 五角场市级商业中心	沃尔玛 屈臣比	特力屋 宝大祥 上海第一食品 上海书城 和乐国际家居 巴黎春天 黄金珠宝城	正餐：釜山料理 中西快餐：肯德基、麦当劳、必胜客、汉堡王、东方既白、味千拉面、家有好面 休闲餐饮：小辉哥、一茶一坐、代官山、豆捞坊、新旰茶餐厅、望湘园、翠华餐厅 特色餐饮：釜山料理、蜀江烤鱼、板长寿司、代官山、汉拿山韩式烤肉、小金灵盐水鸭店、权金城、鲍鱼先生、烧腊馆 茶馆咖啡：星巴克、哈根达斯、COSTA COFFEE、连咖啡	万达影院 大歌星 KTV 汤姆熊	—
晶品购物中心 南京西路市级商业中心	—	英孚教育 H&M 热风 Forever21	正餐：文兴酒家、香港稻香海鲜火锅酒家 中西快餐：甄食面道、谷田稻香、佳家汤包、汉舍小雅、富山面家、Win House、食之秘 休闲餐饮：小辉哥、一茶一坐、稻小厨、棒约翰、小都成、锅德城市火锅、许留山 特色餐饮：精悦蓉、静安寺食堂、壹鱼壹锅、潮楼、很高兴遇见你、GORDONS CLASSIC、PHO REST、鱼非鱼 茶馆咖啡：星巴克、H-Coffee、贡茶、天福茗茶	K 歌之王	舒适堡
正大广场 小陆家嘴-张杨路市级商业中心	卜蜂莲花	特力和乐 大众书局 H&M ZARA 无印良品 金数码 名店运动城 英孚教育	正餐：廊亦舫、张生记酒家、唐宫海鲜舫、小南国俏江南 中西快餐：食代馆、豆苗工坊、花丸乌冬、食之秘、肯德基、麦当劳、南翔、味千拉面、COCO 壹番屋、汉堡王 休闲餐饮：必胜客、港丽茶餐厅、原味主张、泰谷泰国休闲餐厅、小辉哥、翡翠拉面小笼包、雕爷牛腩、炉边情谈、翠华、旺池 特色餐饮：喜多屋国际海鲜料理、小猪猪、居食屋和民料理、王品台塑牛排、韩林碳烤、避风塘、鹿港小镇、渝乡人家 茶馆咖啡：世界茶饮	汤姆熊 好乐迪 星美正大电影城	WILL'S 健身

续表

项目名称	超市/卖场	主力店	餐饮	休闲娱乐	运动健身
南丰城 新虹桥-天山市级商业中心	Ole`超市	现代书店 ZARA 优衣库 拉夏贝尔 热风 Harbor House 淘博运动	正餐：汉舍中国菜馆、滩悦 中西快餐：麦当劳、咪吃面、魔锅坊麻辣香锅、天辣小馆、庙街 休闲餐饮：拳击猫精酿啤酒屋、蓝娃、港丽、凡之鱼、remedy源气365、豆苗工坊、热辣壹号、小都成、Olé海鲜餐厅、莆田餐厅、香港百合居 特色餐饮：澳拜客牛排馆、花隐日式怀石料理、西提牛排、JOLIE.HOUSE、PHO REAL、慕·法式铁板烧LAMU、元气寿司、大江户、云彩泥蜡染餐厅、大户屋、左庭右院鲜牛肉火锅、大茴香、融合马来西亚餐厅、马上诺、纱罗餐精致料理 茶馆咖啡：星巴克、哈根达斯、途尚咖啡、太平洋咖啡、ZOO COFFEE、Vital Tea	汤姆熊 世茂国际影城 玩具翻斗城	WILL'S健身
IAPM 淮海中路市级商业中心	城市超市	Apple Store 无印良品 Prada Dolce & Gabbana GUCCI Hugo Boss Hollister i.t Life by	正餐：大董、利苑 中西快餐：1921 GUCCI、BANG by Mr.Willis、鼎泰丰、一風堂、麦当劳、麺屋武藏、乐新皇朝、正斗、Tenya天家、The Cut 休闲餐饮：港丽茶餐厅、El Pomposo、金牌外婆家、古意、孙三郎天然岩石烧肉、Meat Fork、老吉士 特色餐饮：鹿港小镇、炎丸居酒屋、小金牛、嘉意大利餐厅、银座梅林、灰狗·潮泰意·餐厅、iGrill i烧、新肴珍宝海鲜、莫尔顿海鲜牛排坊、囍艺 茶馆咖啡：恋暖の初茶、Awfully Chocolate、肖蒙马卡龙、Costa Coffee、哈根达斯、米子、星巴克、StayReal Café、Wedgwood Tearoom	百丽宫	Pure Yoga
大宁国际 大宁市级商业中心（远期规划）	大润发	C&A 优衣库 英孚教育	正餐：小南国、蓝蛙西餐厅、釜山料理、南丫天虹海鲜酒家 中西快餐：西贝莜面村、汉堡王、肯德基、金装大家乐、乐伯部队锅、老妈米线、必胜客 休闲餐饮：居食屋和民、巴贝拉、棒！约翰、吴记老锅底麻辣火锅、荷风轩、花千锅、麻辣诱惑、望湘园、小辉哥、江边城外巫山烤全鱼、吉旺港式餐厅、豆捞坊、一茶一坐、避风塘、雍丰酒家、尚一汤 特色餐饮：汉泰东南亚风味餐厅、便所欢乐主题餐厅、西堤厚牛排、古丽仙西域情餐厅、川食公馆、赤坂亭炭火烧肉日本料理、融合马来西亚餐厅、70后饭吧、伊秀寿司 茶馆咖啡：快乐柠檬、星巴克、甘萃咖啡、绿咖、哈根达斯、巴黎贝甜	玩具"反"斗城 银乐迪INLOVE 上影星汇影城 卡通尼乐园	金仕堡健身
中山公园龙之梦 中山公园市级商业中心	家乐福	永乐 特力和乐 上服奥特莱斯 H&M IT MIXXO Urban Renewal Jack & Jones 英孚教育	正餐：釜山料理、上海人家、俏江南、海上渔家、鱼乐水产 中西快餐：肯德基、麦当劳、必胜客、汉堡王、味千拉面、家有好面、吉旺港餐厅 休闲餐饮：港丽茶餐厅、一茶一坐、代官山、豆捞坊、麻辣诱惑、望湘园、尚一汤、来福小馆、豆捞坊、干锅居、汤城小厨、井格老灶火锅、重庆小天鹅火锅、小辉哥、南京大牌档、豆捞坊、上官雪、弄堂里、桂满陇、京汇粹、海上渔家、鱼乐水产、锅内锅外 特色餐饮：久留米寿司、789概念火锅、酷悦炭烧火锅、意大利休闲餐厅、达加马巴西烤肉、云南美食园、上上谦、锦逸、江边城外烤全鱼、大渔料理、70后饭吧、彩云朵云南小馆、鹿港小镇 茶馆咖啡：星巴克、睿迪咖啡、冰雪皇后DQ、COCO、哈根达斯	汤姆熊 龙之梦影城 玩具翻斗城	—

续表

项目名称	超市/卖场	主力店	餐饮	休闲娱乐	运动健身
百联中环 中环（真北） 市级商业中心	世纪联华 屈臣氏	东方商厦 第一食品商店 国美 宝大祥 特力和乐 新华书店 优衣库 迪信通 衣品时尚馆	正餐：同君福大酒楼 中西快餐：必胜客、肯德基 休闲餐饮：许留山、吉旺港式餐厅、同君福、泰岛 石二锅、黄记煌、望湘园、一茶一坐、很高兴遇见你、 韩林＆鱼烤场 特色餐饮：摩提工坊、潮汕牛肉海鲜火锅、小猪猪、 青花椒、西堤厚牛排、禾绿寿司、正元韩国料理、 70后饭吧 茶馆咖啡：星巴克、DQ	飞霆卡丁车馆 好乐迪KTV 安徒生文化歌城 17.5影城 网鱼网咖 星辰奇缘游乐场 卡通尼儿童乐园 乐胜保龄球馆 水游谷游艺世界	天行健健身房

城市级商业业态配比分析 表3-4

名称	零售	餐饮	休闲娱乐	配套服务	商业建筑面积（m²）
上海港汇广场	64.3%	22.0%	11.3%	2.4%	13.0万
五角场万达广场	54.0%	22.0%	21.4%	2.6%	25.3万
晶品购物中心	47.0%	36.0%	10.0%	7.0%	7.3万
正大广场	55.0%	24.0%	16.0%	5.0%	24.0万
南丰城	46.0%	35.0%	12.0%	7.0%	11.0万
IAPM	60.0%	30.0%	9.0%	1.0%	12.0万
大宁国际	43.0%	37.0%	8.0%	12.0%	11.0万
中山公园龙之梦	65.2%	22.8%	6.5%	5.5%	22.0万
百联中环	75%	13%	11%	1%	25.0万

3.6.2 区域级商业业态组合

　　区域级商业在定义上其实是区分城市级商业及社区型商业的中间状态。有些区域型商业经营久了，与别的商业形成了较大商圈，也就成了城市级商业，有些虽定义为区域型商业，但最终因为经营或人流、交通、位置等等原因，可能最后还是成为了社区商业，区域性商业的浮动性大，每个项目的业态配比和组合差异性也比较大，不适合做数据总结，只能通过与城市级商业与社区级商业的业态进行对比分析，再根据自身项目情况来进行综合权衡。

区域级商业业态业种配置分析 表3-5

项目名称	超市/卖场	主力店	餐饮	休闲娱乐	运动健身
长风景畔 长风区域级商业 中心	乐购 屈臣氏	H&M 优衣库 C&A E—land	正餐：021上海菜、俏江南、粤春秋 中西快餐：肯德基、家有好面、食之秘、味千拉面、 季庭意式餐厅 休闲餐饮：锦煌茶餐厅、蟹乐喜、福畅环球海鲜自 助餐、老徐家麻辣香锅、西树泡芙 特色餐饮：釜山料理、海老寿司、萨莉亚、斗牛士 茶馆咖啡：星巴克、太平洋咖啡、中国贡茶	Vigor 100 KTV 华谊兄弟影院 伊苏密室 卡通尼乐园	H3国际健身 一支箭 超盛篮球俱乐 部
悦达889 曹家渡区域级商 业中心	Blt精品超 市	多特力生活馆 NOVO百货 无印良品	正餐：蝶翠轩、唐宫海鲜舫 中西快餐：麦当劳、一线烫捞、喀兹三角烧、味千 拉面 休闲餐饮：汉舍-中餐、新旺茶餐厅、小辉哥火锅、 特色餐饮：松临特板烧、丸来玩趣、釜山料理、鱼酷、 新元素 茶馆咖啡：雕刻时光咖啡、哈根达斯	汤姆熊	—

续表

项目名称	超市/卖场	主力店	餐饮	休闲娱乐	运动健身
大华虎城 大华区域级商业中心	乐购	巴黎春天 第一食品 永乐家电	正餐：小南国、新巴莎、青越庄湘味馆 中西快餐：味千拉面、肯德基 休闲餐饮：棒！约翰、呷浦呷浦、禾绿回转寿司、岸上人家海鲜自助火锅 特色餐饮：汤豪仕汤馆、釜山火炉、吞云小莳、大阪烧肉、鱼酷 茶馆咖啡：上岛咖啡	好乐迪量版KTV 宝大祥 卡通尼乐园 CGV国际影城	—
日月光 打浦桥区域级商业中心	城市超市	优衣库 Jack&Jones	正餐：瑞之堂、年代秀饭堂 中西快餐：味千拉面、肯德基、正豪大大鸡排、超级鸡车 休闲餐饮：避风塘、江户鱼米、韩国叔叔的小厨、翠华餐厅、天辣绿色时尚餐厅 特色餐饮：釜山料理、合点寿司、宋记香辣蟹、韩风炭火烤肉、板烧王、喜多屋 茶馆咖啡：猫屎咖啡、星巴克	优台北纯K 天才宝贝 迪斯尼公主	—
正大乐城 徐汇滨江区域级商业中心	屈臣氏 H&B	GAP 优衣库	正餐：渝乡人家 中西快餐：味千拉面、肯德基、享吉面馆、费尼汉堡餐厅 休闲餐饮：避风塘 特色餐饮：小辉哥火锅、泰谷餐厅、天家日本料理、阿什莉西餐 茶馆咖啡：星巴克、漫咖啡	华士达影院 24k KTV 贝乐尼儿童乐园	—
南方商城 南方商城区域级商业中心	家乐福	友谊百货 永乐家电 好美家	正餐：鸭王大酒店 中西快餐：味千拉面、东方既白、必胜客、麦当劳、蕉叶咖啡屋 休闲餐饮：吉旺港式餐厅、棒！约翰、鹿野小镇、避风塘、蜀菜行家、香锅饭、洋葱餐厅 特色餐饮：小辉哥火锅、韩林碳烤、太湖船菜、鼎味火锅、小尾羊火锅、四季汤馆 茶馆咖啡：星巴克、哈根达斯	汤姆熊 世纪友谊影城	—
大悦城一期 苏河湾区域级商业中心	Blt精品超市 屈臣氏	优衣库 H&M 无印良品	正餐：辛香汇、望湘园 中西快餐：家有好面、小杨生煎、味千拉面、赵崽儿重庆小面、Dog House热狗、汉堡王、赛百味 休闲餐饮：避风塘、外婆家、棒！约翰、豆捞坊、小辉哥火锅 特色餐饮：半山小馆、石二锅、拿渡麻辣香锅、板长寿司、乐伯部队锅、权金城、大茴香、集装箱烧烤、云海肴、天辣、梅园春晓、雕爷牛腩 茶馆咖啡：雕刻时光咖啡馆	汤姆熊 金逸院线 好乐迪KTV	威尔士健身

表3-6　区域级商业业态配比分析 　　　　　　表3-6

名称	零售	餐饮	休闲娱乐	配套服务	商业建筑面积（㎡）
长风景畔	57.0%	19.0%	22.0%	2.0%	12.6万
悦达889	65.0%	20.0%	11.0%	4.0%	4.7万
大华虎城	35.0%	35.0%	20.0%	10.0%	16.0万
日月光	25.0%	60.0%	9.0%	6.0%	14.0万
正大乐城	45.0%	37.0%	12.0%	6.0%	5.5万
南方商城	71.0%	22.0%	6.0%	1.0%	6.8万
大悦城	48.0%	41.0%	7.0%	4.0%	23.1万

3.6.3 社区级商业业态组合

1. 零售

在社区中，主要以人群日常生活需要为主，目的并不一定是购物，因为社区商业的规模一般不会特别大，其购物种类也有一定的局限性，因此，社区商业的零售一般不会是社区商业的重头戏。在社区商业中，零售比例应在50% 以下。

2. 餐饮

餐饮是社区商业发展到一定时期才融入的，而且所占比重越来越大，为 30%~50% 左右，甚至更多。

3. 休闲娱乐

10%~20% 左右。

4. 配套服务

10% 左右。

社区级商业业态业种配置分析　　　　　　　　　　　　　　　　　表 3-7

项目名称	超市/卖场	主力店	餐饮	休闲娱乐	运动健身
浦东嘉里城	Ole`超市 屈臣氏	H&M GAP 无印良品	正餐：小南国、俏江南 中西快餐：味千拉面、肯德基、享吉面馆、费尼汉堡餐厅、赛百味 休闲餐饮：兴旺茶餐厅、有心上海点心、大茴香粉、纽约客披萨、香啡缤、食之秘 特色餐饮：融合马来西亚餐厅、诗碧阁西餐厅、美式奶牛餐厅、赤坂亭、新元素、釜山料理、斗香园 茶馆咖啡：太平洋咖啡、星巴克、天福茗茶	BOOCUP kid's land	
大拇指广场	家乐福 屈臣氏	Jack&Jones	正餐：唐朝、马龙酒楼 中西快餐：味千拉面、必胜客、肯德基、巴黎贝甜、意大利披萨 休闲餐饮：兴旺茶餐厅、棒！约翰、许留仙、马可波罗、美丽时光 特色餐饮：华韵阁、味之堂、荣寿司、新德里餐、韩林炭烤、韩国料理、愉龙餐厅、味知堂 茶馆咖啡：星巴克、舜都咖啡	好乐迪 优哉瑜伽 SPA 会馆 影酷数码影院	—
我格广场	联华生活馆 万宁	ZARA 优衣库	正餐：望湘园、秦香阁 中西快餐：味千拉面、耶咪精致面食、可颂坊、家有好面、小杨生煎、一线烫捞 休闲餐饮：多金多港式烧腊餐厅、恒记甜品、避风塘、TOP 豆捞 特色餐饮：云南过桥米线、靓汤工坊、焰遇餐厅、汉泰东南亚风味餐厅、盘古烤肉、平禄寿司 茶馆咖啡：Costa Coffee	博纳银兴国际影城 星乐园 AA 国际动漫	CASTER 舞蹈工作室
2049 海上传奇	精品生鲜超市	—	中西快餐：麦当劳、五云德苏式面点 特色餐饮：天丽欢涮涮锅、妈妈糖亲子餐厅 茶馆咖啡：星巴克	尚熙舞蹈音乐天地	一兆韦德健身

社区级商业业态配比分析　　　　　　　　　　　　　　　　表 3- 8

名称	零售	餐饮	休闲娱乐	配套服务	商业建筑面积（m²）
浦东嘉里城	42.5%	30.0%	20.0%	7.5%	4.5 万
大拇指广场	23.0%	46.0%	24.0%	7.0%	5.6 万
我格广场	41.0%	49.0%	8.0%	2.0%	4.8 万
2049 海上传奇	8.0%	58.0%	27.0%	7.0%	4.0 万

　　商业建筑的业态配比不仅应满足商业定位，符合特定设计条件，还应通过每个不同的业态组合满足租金收益效果，达到较强的聚客能力。注意在业态配比时，不可单单关注自身项目的配比需求，还应与周边商业形成错位配比，形成差异化竞争。

　　除此以外，应注意地块周边环境在未来会有很多的变化，而且人的消费意识和观念也会发生变化，因此商业会有一些业态的动态调整，很多商业是在日积月累的商业竞争和淘汰中慢慢调整的，经过调整以后的商业业态更趋成熟，那是市场长期作用的结果。

第四篇　招　商
Invite
Investment

Chapter
04

商业项目真正成功与否，跟招商的结果紧密相关，因此，招商工作在商业项目中号称为"发动机"，没有发动机的能量和动力，商业势必失去轴心和活力。事实上，招商工作的进行也往往是与设计并行的，因为招商的结果是平面功能布置的决定性因素。因此作为一名建筑设计师，也应对其进行充分了解，而不是单单等待招商的结果。成熟的商业建筑师往往能对招商起到一定的辅助作用，能够大致预判项目的设计方向。在客观上，建筑设计师往往也需要跟随招商的过程做一些设计上的调整，如果能够充分了解招商的过程，商家的着重点和诉求以及开发商和商业机构的利益博弈关系，设计师便能够在设计上少走很多弯路，给未来业态的组合和调整预留空间，尽量减少资源浪费，把握好设计的节奏和时间节点，而且能较好地帮助招商团队进行工作。

4.1
招商概述

　　商业项目应做到先招商再设计，万达也提出了"订单式开发"，即先与商业机构形成战略联盟，按照商家的需求进行拿地、规划和施工，然后再将竣工的商业建筑空间租给战略合作伙伴。这是一种非常有效的并可快速复制的模式，也能有效地减少时间成本，减少主力店变化所带来的其他调整。无疑先招商后设计肯定能最大限度地减少工作的反复和浪费。但是在所谓"中国式商业地产"的现实中，又有多少家能够做到像万达那样的品牌号召力呢？更何况，像万达集团已形成了快速的复制模式，项目从启动到开业和运营的情况，商家也能够提前预知，因为万达模式是相对固定的一种模式，因此商家也是相对稳定的，何况其大的主力店都是自主运营的。因此在绝大多数商业中，其实是很难做到空口招商的。理论上讲，主力店群的招商在项目业态组合之后、规划之前，而中小店群在主力店群招商之后正式进行。国内大部分开发商在主力店招商中，手中必须有一定的图纸和项目的整体概念，这样商家才能有一个大体的认识，也才能对开发商的实力和项目做一个初步评判，继而确定招商工作是否能谈得下去。因此其实笔者认为招商和规划的工作应该是并行的。先确定大概的规划方案和布局，再进行初步招商，招商确定一定意向又进行规划调整，一直到主力店招商基本确定后或者签订意向书，最后才稳定规划设计的内容，在此过程中，设计工作一直都为招商服务。待招商确定和规划稳定后，再提给建筑专业进行设计。

　　由于招商工作难度大、时间长、过程较复杂，本篇仅对招商过程中的要点进行剖析，并着重分析该工作内容与商业地产其他专业尤其是设计专业的相互关系。

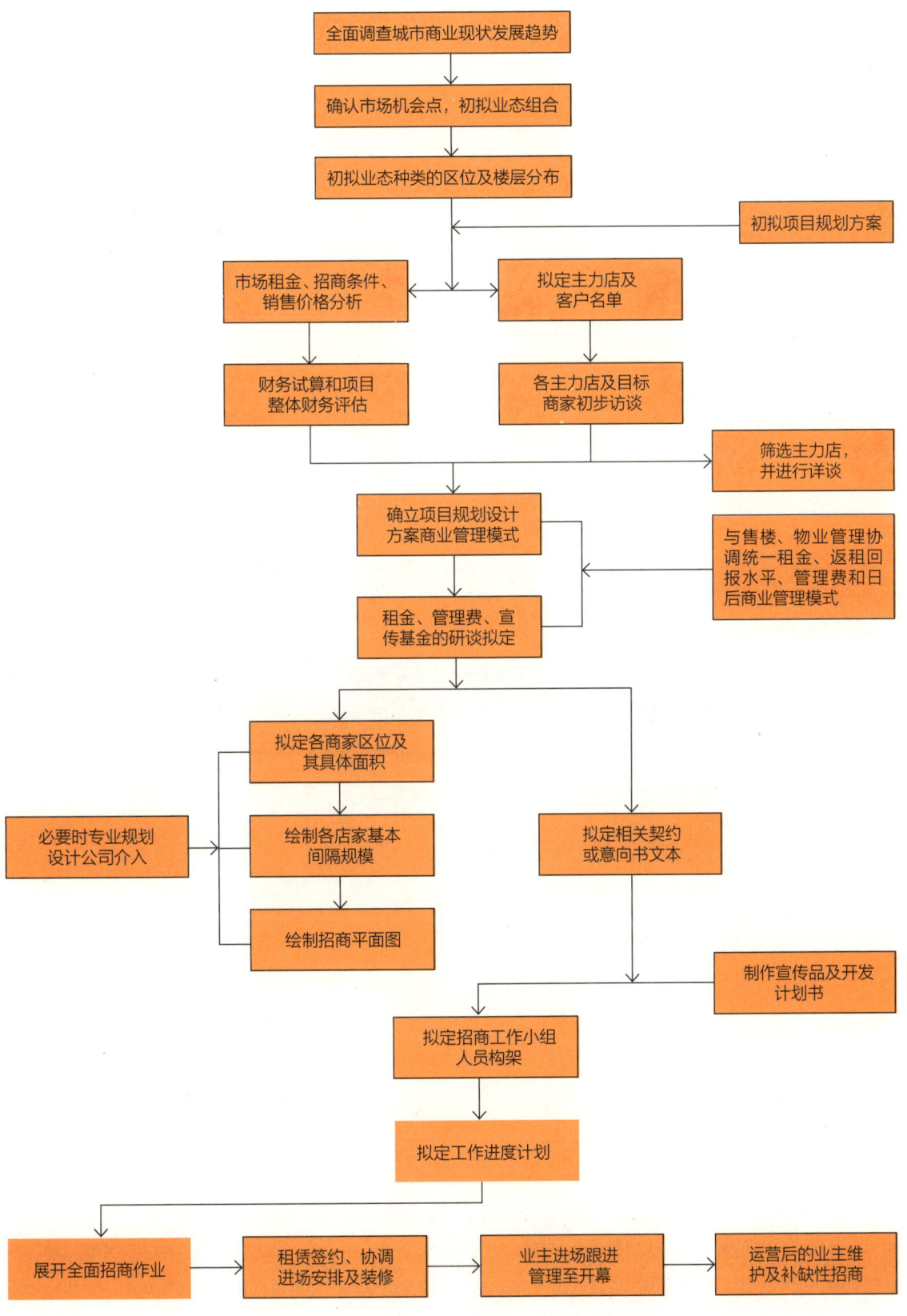

图 4-1　招商流程

4.2
制定租赁决策文件

商业出让给下游商家基本有三种方式，一种为纯销售，一种为纯出租，还有一种便是返租，即统一对已销售的店铺进行管理，并进行统一招商运营（除此以外，还有 10 年使用权买断等特殊方式）。一般招商所涉及的内容是第二和第三种，它们均是靠租金来达到最终的收益，因此租金价格决定着自持店铺的项目收益效率，所以在招商之前，首先应确定好各业态的结构组成、层级关系以及基本租金水平。这一工作则需要对市场有准确的判断，并且需要清晰的投资及收益的数据测算。而其实这两项工作应该是在拿地和定位的时候已经大概地做过测算，否则是赚是赔都不知道，如何能启动项目？但是在招商过程中还应确定精确且详细的租赁决策文件，才能指导后续招商工作的有序进行。因此会有一个数据的结论来作为招商工作开始的依据，这项内容应该包括可租赁物业总面积，各业态面积及租金单价。

4.2.1 可租赁物业租金收益表格

在整个项目中，应计算出总的租赁面积指标表。其内容包括项目名称、总建筑面积、可租赁建筑面积及项目平均租金单价和项目总租金收益等。在此项内容中，应该着重进行的工作便是对项目平均租金单价和项目总租金收益做详细的分析和确定。

1. 总体租金收益目标值

项目在前期的时候会有一个测算，即关于项目的投入和收益的一个计算，因此在前期就会有针对整个项目所需要的租金收益总的数值，这是一个项目盈利的终极目标。该数值除以可租赁面积即为平均租金单价。这样得出的数据为一个理想值，可作为制定此表格的参考，但不为绝对依据，因为商业项目的所有决策均应符合市场规律，与市场紧密相连，因此还需对市场进行详细调研来验证可行性。验证租金制定的可行性可根据市场横向比较法和商家意见反馈来进行。

2. 横向比较确定项目平均租金单价

（1）根据同级别城市类似区域的项目租金单价来进行参考。

（2）根据一个城市内相类似地段项目的租金单价来进行参考。

（3）根据周边商业项目的租金单价来进行参考。

XX 项目与本地典型市场的比较　　　　　　　　　　　表 4-1

比较因素		权重分值	类比项目 市场 A	本项目 XX 项目
A 区位环境	城市地段价值	10	7	4
	商业氛围	10	8	1
	人流、车流	10	7	2
	市场商圈范围	10	6	8
B 规划及建筑	商业规划	10	6	8
	业态组合	10	6	8
C 其他因素	市场发展潜力	10	6	8
	消费者认知度	10	9	1
D 硬件配套设施		10	5	8
E 市场经营管理		10	5	8
合计		100	65	56
市场平均租金 /（元 / ㎡ / 月）			17	

3. 商家意见反馈

收集手上商家资料，对商家做一个初步的意向性的调查，不仅调查商家的承租能力，同时可涉及租金形式（如定额租金、组合租金、定额累退等）和支付时间。

万达开业项目分业态租金测算表　　　　　　　　　　表 4-2

序号	项目	开业日期	计租面积（㎡）			年租金指标（万元）			租金量价（元 / 年 /㎡）		
			主力店	次主力店	室内 步行街	主力店	次主力店	室内 步行街	主力店	次主力店	室内 步行街
1											
2											
3											
...											
合计											

4. 制定租赁决策文件

此文件是对一个总的招商行动的确定，包括对业态比例及定位等内容形成一个正式的文稿，也是招商工作的中心指导目标。

关于 XX 项目步行街业态定位、招商政策的通知

XX 公司：

根据租赁决策文件指标，现下发 XX 步行街招商政策，具体如下：

一、项目定位

XXXX

二、主要商务条件、招商政策

1. 计租面积

建筑面积：XXXXm²；套内面积：XXXXm²。

租金标准：

楼层	面积（套内）	租金单价（元/月/㎡）	租金（元/年）		
			第一个租约年实收租金指标（免X个月）	第一个租约年年标准租金指标	第二个租约年年标准租金指标
一楼					
二楼					
三楼					
合计					

2. 物业服务费

单价：XX 元/月/m²（套内面积）。首个标准年年物业服务费 XXXX 万元。

3. 合格供方品牌引进比例

（1）XXXX。

（2）XXXX。

4. 业态占比及落位原则

（1）室内步行街各业态占比如下：

餐饮 xx%，服装 xx%，精品 xx%，体验 xx%。

（2）XXXX。

（3）XXXX。

图 4-2　万达步行街招商政策通知

4.2.2 各业态面积配比及收益表格

在前面几篇确定大概的业态和层级关系，而真正将其落地的其实是招商部分的业态面积配比表。在这个步骤中，会将前面的内容细化和具体化，形成一个可供参考的有效数据，给后面招商的团队进行指引工作。

根据可租赁物业租金收益表格，可大概确定租赁物业的租金水平，但还需对每个业态及每层的租金水平做设定，根据租赁决策文件、定位及规划的内容，可设定一个各业态面积配比表格，细分物业租金收益表格。体现每种不同形式的不同层数的商业租金水平。

万达步行街招商政策通知 　　　　　　表4-3

区域	楼层	业态	面积指标（m²）	租金单价（元/年/m²）	标准年每平方米总租金（元/m²）	标准年租金总价（万元）
室内步行街	1-3F	精品商铺				
娱乐超市楼	1F	快时尚店1				
	1F	快时尚店2				
次主力店						
百货楼	1-4F	万达百货				
娱乐超市楼	2F	儿童娱乐				
	2F	大玩家				
	3F	大歌星				
	4-5F	万达影城				
	B1	超市				
室内步行街	3-4F	酒楼				
主力店						
合计						

4.2.3 物业费、广告费、停车费等收益表格

自持物业除了租金是一项收益以外，其他的如入市门槛费、物业费、广告费、停车费等费用也是一项不小的收入，在这个阶段，也应对此制定单价费用及目标预期估值。值得一提的是，押金或保证金虽然不作为收益数值，但其数值的高低也需要做理性制定。

4.3
业态详细品牌确定

具备了一个总的业态比例及租金收益标准，那么对每个业态的品牌即微观经营主体应有一些大的分类和确定，这样有利于后面招商工作稳定有序地进行。首先将每个大业态进行不同内容的分类，也就是业态内业种的确定，再在每个业种中确定一些与之相对应的品牌。而品牌的设立需符合整体定位和主题统一。

4.3.1 业态品类细分——业种确定

前面已确定不同楼层的不同业态，但是业态内又分细的种类，在各个楼层各个区域应再细分业种品类。业态与业种的区别在于，业态是销售的规模形式，比如主力店、专卖店等，但是业种就是其内容，比如主力店内容是餐饮、服装还是游乐，专卖店具体是售卖何种商品的。品类细分的技巧目前在购物中心等商业项目上已日趋成熟，像万达广场在进行品类规划时一般把握以下原则：

1. 唯一性

同一品类不能重复出现，避免内部销售分流，降低项目整体竞争力，同时也有利于特色经营业态的创建和保持。

2. 丰富性

丰富的品类规划有利于实现快速旺场，引领并改变当地的消费观念和生活方式，同时能带来整体租金收益的稳定增长。

3. 关联性

即同一楼层针对类似消费群体，将同一类客群喜好的商品集中于一个区域以增加销售机会，使得客流与销售的转化率最大化。

4. 针对性

品类规划要符合消费特性，有针对性地落在不同区域。这将有利于消费者能够在最短的时间内找到自己想要的商铺或服务，达到快速成交、促进其他消费的目的，提高消费满意度。

业态业种品类划分　　　　　　　　　　　　　　　　　　　　　　　　　表 4- 4

业态	业种	品类
零售	其他	百货、电器、大型食品零售店、超市、快时尚集合店、运动集合店、家居、书城、儿童零售集合店等
	服装	女装、时尚男装、品牌集合店、牛仔等
体验	科技生活、休闲淘玩、社交服务、休闲服务等	珠宝钟表、个人护理、时尚配饰、潮流精品、时尚家居、运动、数码电子、专业美护、礼品、文教等
娱乐	休闲娱乐	影城、KTV、电玩、健身、冰场、球馆、迪吧、清吧等
餐饮	时尚餐厅、地方风味、东南亚风味、西餐、快餐、西饼甜点、酒吧等	茶餐厅、粤菜、海鲜、江浙菜、本帮菜、川湘菜、创意融合菜、各地特色、火锅、烧烤、日式料理、日式寿司、韩式料理、铁板烧、西式正餐、西式快餐、中式快餐、咖啡、水吧、冰激凌、面包甜点、餐吧等

4.3.2　确定业种中的可选择品牌

在各业种中，具有不同的品牌可进行选择，在选择的过程中可能有四个因素制约着品牌的方向：

1. 定位要求

品牌的设定要符合定位的需求，因为定位是根据消费者的消费级别确定的，不可超出这个范围，否则会对整个商业的综合运营造成紊乱。

2. 租金水平

品牌的设定不能脱离了租金水平，因为会影响整个项目的盈利状况，因此得在能承受设定的租金范围内的品牌中选择。（一味地以极低租金或长时间的免租期来招揽知名商家其实存有较大经营风险）

3. 面积指标

品牌对面积、空间、结构、停车位、卸货区等或有一定的要求，尽量选择项目能满足此类要求的品牌。

4. 消费者接受度

在新开业的商业中，消费者已经认可的品牌应占有相当的比例，再引进一些较新的品牌，比较容易快速地被市场接受。

4.3.3　制定招商计划表格

根据业态细分及品牌大概范围确定一个招商计划表，品牌的数量范围一定要比可入驻的多，这样可在品牌中择优选择，找到条件较好的商家和品牌。

4.4
招商实施、合同的签订

　　招商实施与合同签订是招商的落地性实施，两项工作具有一定的难度，并且会持续相当长的一段时间，做好对招商工作的管理和把控尤为重要。招商时间的安排、工作的安排、费用的管理、人员机制及宣传造势的手段都需在前期筹划好，这样才能在后期的工作中做到有条不紊。

4.4.1 招商实施

　　招商的工作一般分为三种，一种通过广告的形式进行公共宣传式招商，这种方式传播面广，但针对性较弱；一种是分布人员团队，逐家拜访沟通，这种方式针对性强，但成本较高；一种是整合资源进行沟通，比如召开招商发布会、恳谈会等，这种方式效率较高，但前期工作一定要到位。通常在招商过程中，有效结合这三种形式，才能顺利达到招商的目标。

　　在招商的过程中，一定要把握好项目的特色与优势。除应拥有专业的招商团队之外，还应具有整体战略上的统筹安排，比如在何时召开品牌战略合作会议等。信息化掌控也是招商重要的把握环节，每个团队在每周均应对招商的进展作信息化的反馈，企业通过信息及流程不仅能够快速地了解招商进展，并且能通过流程反映招商人员工作状态。另外针对招商成员需要建立有效的激励机制，有利于招商工作的积极进行。

招商方式特点　　　　　　　　　　　　　　　　　　　　　　　表4-5

招商方式	特点
广告招商	传播面广、针对性弱、对广告投入要求高
拜访招商	针对性强、成本较高、对经销能力要求高
会议招商	效率较高、成本较高、对会议组织能力要求高

如果商业位置不理想，招商具有一定的难度，应在以下几点多下功夫：

1. 在购物中心市场调查和主题策划方面下功夫，设计能够有效吸引人流的主题和业态方案，租户组合合理，创造新的亮点，达到多种吸引人流的方式。

2. 预备较强大的招商团队，较好的设置奖励机制和约束措施，提高招商人员积极性。

3. 预留稍微长一点的招商时间，前期对主力店进行重点招商。

4.4.2 合同的签订

一般在商业项目没有建成之前，商家会与开发商签订一个意向协议，此协议会约定很多内容，并且会对项目有一定的要求，同时在协议中，品牌商会提供一些设计条件，而这些设计条件是设计师进一步设计的重要依据。

1. 意向合同签署

招商团队一般会在开业前的一段时间与商家签订意向合同，比如万达会在开业前 150 天与商家完成合作意向签署和收取意向金，以保证项目业态规划的品质和目标品牌最终落位。如果有条件的话，当然签署意向合同越早越好。

2. 正式合同签署

这个工作一定要在开业前两个月之前完成，以保证商家商铺设计及装修进场。

3. 商家装修时间预留

因为商业在整体开业的时候还要经过消防等验收审查，因此在装修设计时，一定要规划好时间，否则就会因为装修工期延误而耽误开业时间。不同业态不同面积的装修时间不同，餐饮业态比非餐饮业态装修的时间长，大的主力店又比小的零售店装修时间要长，因此在计划时间时，应跟各商家沟通，预留好足够的时间。

4.5
主力店条件对建筑设计的影响

在招商过程中，签订了意向合同的主力店会有各自不同的技术要求，包括面积、楼层、位置、临街面、层高、柱距、楼板荷载、机电、装修等，因此预留好主力店条件对于建筑设计非常重要。很多项目都是因为设计方对主力店不够熟悉，没有预留足够的条件，结果给招商带来非常大的困难，倘若招商不利，经营也非常危险，最终商业也很难运作。下面所列举的主力店基本要求作为一个参考值，不同的主力店在不同城市或商圈的要求也不尽相同。一般在大城市或者人流量大的商圈，对面积、层高、设备、档次等要求都会高一些，在中小城市或者人流量不是很足的地方，主力店可能不会投入太多的成本，规模档次会稍微低一些。总之，主力店还是一家商店，是商店就要盈利和套利，主力店在决定入驻商业时，所注重的无非是投入与收益之间的衡量，把握好这一点在设计时就能做到变通。但在预留主力店条件时，笔者认为还是应该稍微宽裕一点，宁大勿小，不要限制于为一家主力店提供的条件进行设计，否则如果主力店中途退出，又不具备其他主力店入驻的条件，这样就会非常被动，给招商带来重大难题。下面着重针对目前主要的几种主力店的设置条件做分析。

4.5.1 百货设置条件

1. 面积

大型百货一般需要 15000~20000m²，单层面积在 5000m² 以上。小型百货或专业型百货，或类百货的次主力店要小很多。

2. 楼层

由于百货内的商品也会根据不同类型进行区域划分销售，因此百货一般要占据好几个楼层。由于百货为零售业，目的性消费没有其他主力店强，因此一般需要在首层设置入口，百货的楼层会在一层及以上，有些也会延伸到地下。

3. 位置门脸

百货可解决平面中大进深的面积区域，一般会放置在端头，以拉动平面的人流，百货入口也需要显眼单独的位置，有些会要求直接对外或者是在首层有门脸，虽然如此，在黄金楼层，也不应过多地预留百货门脸的宽度。

4. 层高

一般不低于 5m。首层层高比其他楼层略高。

5. 柱距

9m×9m 左右（至少 8m×8m）。

6. 楼板荷载

400kg/m^2 左右（不低于 350kg/m^2）。

7. 平面形状

百货短边不宜小于 50m，长宽比不宜超过 3:1。

8. 分层布局

其基本规律如下：

地下层：食品、超市、美食；

一层：化妆品、珠宝、钟表眼镜、鞋包；

二层：少女服装，流行饰品；

三层：淑女服装，女士内衣；

四层：男士服装、男士鞋包配饰；

五层：运动、休闲、儿童、文具、书籍、音像制品；

六层：家电、家具、生活日用品、厨房用品、工艺美术；

七层：餐饮。

9. 机电要求

百货在施工图设计中应满足对供水、排水、供气、供电、空调通风及发电机容量的要求，并自成系统。

10. 客扶梯布置要求

百货的主要竖向交通为扶梯，客梯为辅助。扶梯的有效布置带动着百货购物的流线，应巧妙设计。百货由于占据的层数较多，面积较大，其内部一般会设置自己的垂直交通。

图 4-3　上海五角场万达广场巴黎春天

4.5.2 超市设置条件

1. 面积

大型标准超市面积一般要求在 1.3 万 m² 以上，如大润发、家乐福等超市，现在随着超市的创新和功能的齐全化，有些会要求 2 万 m² 以上，如沃尔玛、卜蜂莲花等超市；小型服务配套型超市面积在 6000m² 以下，精品超市在 3000m² 以上；大型超市单层建筑面积一般在 5000m² 以上。

2. 楼层

超市作为多频率目的性消费的主力店，在聚集人流方面有非常大的作用，特别是在居民区的商业，因此超市在很多商业中占据了一个不可或缺的位置。虽然超市有如此强大的作用，但其租金却非常低，甚至有些开发商会贴钱进去。因此不应把超市放在最好的楼层，应将其设置在高楼层或者地下，这样才能将超市的人流引入到其他楼层，达到超市主力店吸引人流的目标。但因为超市货物较多，如放在高楼层便拉大了货物运输的距离，较为不便，因此超市在高楼层设置的情况较少，在地下设置的情况较多。有很多商业为了引超市进来，无底线地满足超市一切条件，将商业最好的位置让给超市，结果超市商家成了二房东，它将好的位置出租出去获得巨大利润，而除超市以外不好的楼层却经营惨淡。

3. 位置门脸

如果超市并没有占得好的楼层，应预留一个较好的入口，地下超市的入口可设置在下沉广场附近，地上超市的入口可在中庭附近或次入口附近，这样能提高超市的可达性。这不仅是超市商家所希望的，也更有利于超市的招商，另一方面最大程度提高超市的营业额及影响力，才能让超市的人流量更大，商业的人流量也因此增多，这样才能达到双赢的局面。

4. 层高

层高 5.5m 以上，净高 4.5m 以上。

5. 柱距

9m×9m 以上。

6. 楼板荷载

卖场 800kg/m²，后仓及冷库 1200kg/m²。

7. 平面形状

超市形状切记需方正规整，这样有利于货架的布置、空间的节约及动线的布置，一般超市都会有此要求，长宽比为 10:7 或 10:6 比较合适。

8. 超市生鲜熟食区布置

在超市平面布置中，一定要注意生鲜与熟食区的布置位置。第一，这个区域需与卸货平台和后勤走道靠近；第二，这个区域的机电要求比较特殊；第三，在运营上，这个区域为目的性最强的消费区域，因此超市一般会要求此区域布置在超市后场较深的位置。

9. 仓储区

超市仓储区与后勤区域相连，在机电设备及防火要求上也需特别注意。

10. 机电要求

超市在施工图设计中应满足对供水、排水、供气、供电、空调通风及发电机容量的要求，并自成系统。

11. 客扶梯布置要求

因为超市购物人流量较大，且一般物品较重，在超市的出入口位置应布置客扶梯，可方便人流进出超市，另外超市应与地下车库有直接的对接，有些超市会要求设置扶梯或电梯即可，有些则需设置从上到下的平板梯。

12. 货梯或卸货区

如果超市设置在地下，一般在超市的后勤区直接连接卸货区，在卸货区预留货车卸车位即可，如果超市设置在楼层较高的位置，需用货梯将超市后勤区与卸货区连接。

图 4-4　上海南丰城 OLE 精品超市

4.5.3 餐饮设置条件

1. 面积

大众型餐饮 50m²~200m²，轻餐饮 80m²~200m²，主力餐饮 200m²~5000m²。

2. 楼层

现在餐饮分布的大趋势是集中和分散相结合。大型主力餐饮一般会在高楼层，美食广场一般分布在地下或顶层，起着主力店的作用，小型餐饮可能每层都会分布，特别是轻餐饮，由于其并不限定时间，一天都有客流量，因此其承担租金的能力也较其他餐饮高一些，在低楼层布置，还会起到休闲的作用。

3. 位置门脸

在每个楼层，餐饮一般分布在端头位置。

4. 楼板荷载

经营区 350kg/m² 以上，厨房区 450kg/m² 以上。

5. 机电要求

餐饮机电设计要注意厨房区的进排烟及上下水的处理。

4.5.4 影院设置条件

1. 面积

小型影院：≤ 700 座，4 厅，面积 2500m²；

中型影院：701~1200 座，5~7 厅，面积 3000~4500m²；

大型影院：1201~1800 座，8~10 厅，面积 5000~6000m²；

特大型影院：≥ 1801 座，≥ 11 厅，面积 ≥ 6000m²。

这是影院的一个普遍的衡量标准，在实际设计中，面积往往比上表要小一些，而座位和厅数要多一些，这样影院在实际操作中的成本更低，营业额会更高，影院面积的利用率更高。

2. 楼层

由于影厅内要求无柱，因此影院属于大跨度建筑，为了节约建造成本一般设在顶层，能将人流通过目的性消费引入到高楼层；也有将影院结合下沉广场布置在地下的，但较为少见。

3. 位置门脸

影院一定要有显眼的门脸和位置，最好安排在中庭旁边，使人进入影院前厅之前有个开阔的视野，并能让影院拥有一定的广告位置，增加影院的消费人流。

4. 层高

普通厅层高在 10m 以上，IMAX 为 18m。

5. 柱距

要求影厅内无柱。

6. 平面形状

影院形状应较规整，单个影厅长度不宜大于 30m，长宽比最好为（1.5±0.2）: 1。

7. 休息厅

在影院入口处一定要设置休息厅，面积大概为影院的 10% 左右，满足人流候场休息等需求。

8. 购票

影院购票一般会在休息厅内，也有在商场一层或者影院下一层设置零售售票点的。

9. 影院流线

一些影院会将入场通道和散场通道分开，如博纳、中影；有一些影院则不分开，如万达影院。

10. 机电要求

影院也会有自己的机电要求，在机电设计时，最好先跟影院确定大的方向和容量，以免条件预留不足。

11. 客梯及扶梯

因为影院有较强的目的性和时效性，客梯相对于扶梯来说，较为便捷快速，在影院中的利用率较高，因此一定要在大厅内或附近设置垂直客梯，在散场通道外也要考虑影院的散场人流的疏通问题。有些影院会要求客梯能直接从室外一层到达影院，即设置影院专梯。

12. 货梯

并不一定每个影院都会要求预留独自的货梯，要视情况而定。

图 4-5　上海港汇广场永华电影城

4.5.5　儿童设施设置条件

1. 种类

儿童业态分儿童教育、儿童零售、儿童服务、儿童娱乐四大类。

2. 面积

儿童教育：200m²~500m²；儿童零售：30m²~100m²；综合集成：300m²~5000m²；儿童服务：200m²~500m²；儿童娱乐 300m²~10000m²。

3. 楼层

消防规定，儿童活动场所最高只能设置在三层，且需独立的疏散楼梯，因此可根据实际设计情况和主力店要求及运营考虑设置。在项目中，如果儿童主力店较多，建议将其设置在不同楼层的平面同一位置，这样每层的儿童主力店可共用楼梯进行疏散，如果几个儿童主力店布置在一个楼层的不同位置，其他楼层又不是儿童业态，那么所需增加的楼梯会比较多。

4. 其他技术

因为儿童业态种类多、面积差别大，因此其设置也不能一概而论，需要根据实际情况设计。但应特别注意，儿童在消防上的要求跟普通商业不同，应该严格按照其要求设计。

4.5.6　次主力店设置条件

次主力店一般在一二三层均会设置，面积为 1000m²~5000m² 不等，门脸位置需面临中庭。

次主力店是相对于主力店而言的，一般一个商业会留 2~3 个大型主力店，而其他楼层也会引进一些稍微大些的店铺或具有一定影响力的店铺，这种店可称为次主力店，是介于主力店与零售商铺之间的一种状态。

第五篇 　规　划
Master Plan

Chapter

05

拿地以开发商为主，定位以策划团队为主，而此篇所讲的规划是上述内容的载体和体现形式。前三篇所有的数据及思考都会以图纸的形式体现在规划中。后期所有团队会跟随着规划方案进行各自的工作，因此为保证后期运作顺利，各个环节可控，规划设计也非常关键。

商业规划不同于其他类型建筑的规划设计，形式的完美有可能并不是商业规划首先追求的目标。商业规划最大的目标即价值最大化，其中要考虑的内容非常的多，包含商业价值、投入成本、回收成本、提升空间、品牌形象等，当然还有建筑空间感受。合理的规划会将商业地块的价值提升到最大，而很多项目的失败也很有可能是由于规划不合理设计造成的，上两篇所讲的内容对商业规划设计具有决定性的作用，商业规划设计将依据上两篇所得出的数据及结论进行设计，因此可想而知，数据的调研和客观的分析对商业来说是多么的重要。

万达集团专门设有规划院，在拿地之前，规划院就会进行多番设计，再经成本部、财务部进行多次核算，才能将规划方案定下来，此过程会花费很多的精力，但规划方案就是这么经过千锤百炼提炼得出来的。万达的规划院是其贯穿整个商业项目核心的团队，因此规划阶段对商业设计的重要性不言而喻。

由于在各类型商业项目中，属商业综合体的规划设计最为复杂，包含的产品种类较多，因此在这篇中，以商业综合体作为主要阐述的对象来进行分析，其他商业形式可按同样的步骤来进行设计。

5.1
论证设计条件

很多建筑师在商业设计中往往特别在意形式的重要性，拿到设计条件之后便开始画图做设计，追求一个快速设计的过程，这是前几年建筑行业飞速发展所带来的弊病。其实在拿到设计条件之后，笔者觉得第一件要做的事便是论证设计条件。

论证设计条件有：

1. 论证政府各部门的条件要点

政府各部门的条件要点是当地政府针对一个地块所要求关于各个方面的具体限制要素，这些不仅要求设计师在设计的时候应该时时注意，其实开发商在拿地阶段也应该要了解其内容，因为在此阶段或可进行商榷，一旦文件正式发布下来就很难更改。因此开发商和设计师应知道哪些条件是对一个商业项目至关重要的。

2. 论证业主的定位及提供的设计任务书

政府各部门的条件要点是政府对一块用地的期许与要求，那么设计任务书则是开发商对一块用地的期许与要求了。设计任务书会对各个产品有面积的要求，这是开发商通过策划招商团队及销售团队制定的产品决策方案。

3. 法律法规政策的查找

法律法规政策是总图设计的技术指引标准，设计中对其内容应熟悉，才能在未来的设计中更早的发现问题，并做出有利的抉择。

4. 商业的经济型指标确认

经济型指标包含两个方面：一个是开发商的经济可行性评估，这是前期的、目标性的；另一个就是总图经济型指标，这是后期的、数据上的。

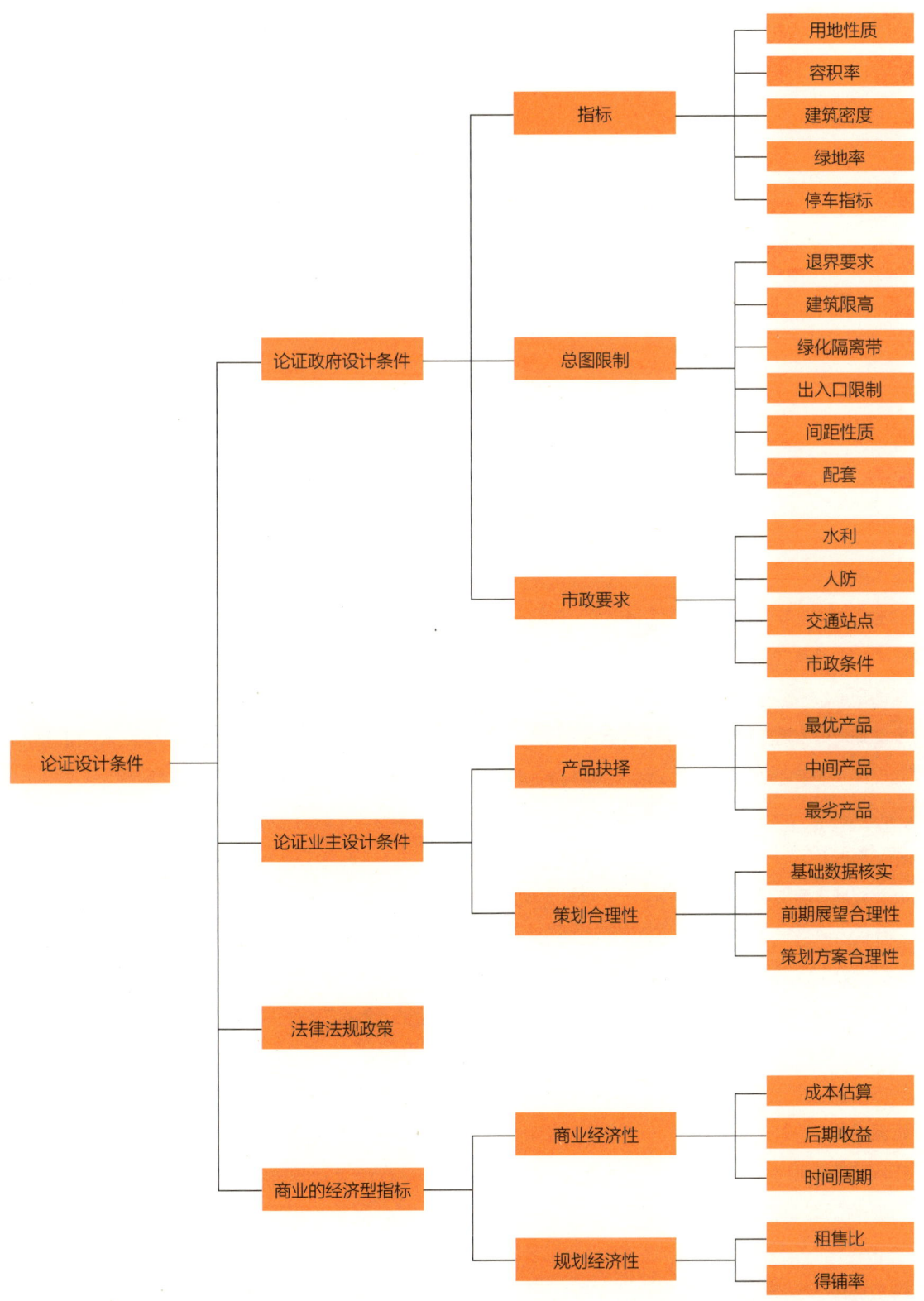

图 5-1　设计条件论证

5.1.1 论证政府规划条件要点

1. 在拿到规划条件之后需对用地性质、容积率、绿地率、建筑密度、停车数等进行确认。在前期阶段可多与规划局进行沟通，针对指标和数据做一个分析，指标上对地块的不利因素应多进行沟通咨询，帮助业主在前期争取有利的条件。

用地性质

在用地性质一栏会规定此块地可做什么类型的建筑，有些也会规定每类建筑最少做多少容量或最多做多少容量，这是对总体规划和经济指标的一个重要的限制子项。

容积率

容积率关系到一个项目的价值所在，在规划设计时，尽量达到指标最高值，但有些业主也会因为资金及信心度问题，不会将容积率做满，特别是商业。因此商业也并不是越大越好，一定要考虑到实际操作性和商业容量要求。因此一般会把剩余的指标面积分配到其他的产品中去。除此之外，在设计的时候一定要注意当地面积计算规定，不同的建筑形式、层高等都会产生不同的计容建筑面积。而有些内容会计建筑面积，但不一定会计容积率，因此在设计时要询问清楚，比如屋顶机房、架空层、设备层、公共连廊等面积计算方式。

建筑密度

商业的建筑密度对商业来说很重要，建筑密度低表示首层商业面积较小，导致商业价值降低，且场地空地率较高，商业氛围也会不好，一般建筑密度为 50% 以上较好，因此建筑密度如果有弹性，建议将建筑密度尽量增大。

绿地率

商业建筑因为需要足够的广场来营造商业氛围和聚拢人气，因此绿地率不能太高，设置在场地内的绿地应当尽量控制规模。在前期论证条件的时候，可征询政府部门绿化不同的配置方式能算有效绿化率的比例，比如场地内有河流是否可以算一部分绿化，屋顶绿化可算为多少比例等。

停车指标

商业的停车非常重要，设置机动车停车位时不仅应满足规划给的停车指标要求，还应根据各个不同业态的实际需求来综合计算停车位的数量。在设置时，有些项目为了减小地库面积，同时满足机动车位指标，而设置机械停车位。在设置机械停车位时，应考虑好区域和其所配对的功能。笔者认为，商业停车区尽量不设置机械停车位，办公公寓设置相对好一些，因为商业人流是随机的，办公公寓人流是固定的，两者对便利性的要求略有不同。

2. 对总图各个方面的限制条件予以验证。

退界要求

在河流、道路、高架、高压线、地铁轨道等方面，一般的城市技术管理规定都有相应退界要求，注意当地部门也可能会有自己的要求，因此要多番沟通，在设计之前将条件整理清楚。商业用地的退界要预留好施工界面和地下管道埋设宽度。人可行的地方离商业建筑 10m 左右的距离是较为舒适的。

建筑限高

在限高问题上，一定要询问清楚是航空限高还是建筑限高。如果是航空限高，那么建筑和建筑上所有的构筑物等均不能超过该限制高度。

绿化隔离带设置要求

在规划设计时，还应注意城市绿化隔离带，隔离带对商业有一定的阻挡作用，在前期沟通时看可否减少隔离带的设置，或者通过景观处理弱化隔离带。

出入口限制

出入口限制主要为地块在道路上的机动车开口限制，这对总图设计的出入口及车行、人行流线有较大影响，在设计前，应充分了解地块与道路的关系，设计时尽量做到使地块周边交通流畅，运行方便。在城市出入口设置时，可根据交通评估进行设计。

间距性质

如果地块内和周边地块都为公共建筑，应当满足公共建筑距离要求，如地块内或周边有住宅和学校，一定要特别关注日照问题，这对建筑高度和排布有一定影响。

配套

根据地块内规定的配套设施要求，合理进行设置。

3. 在水利、人防、交通站点、市政条件等方面也要前期先进行沟通。

水利

如果地块内有河流或者城市泄洪水渠，在整个设计过程中是要与水利局进行沟通，在设计前期，需确认水位的底标高、顶标高、河流宽度及后退河流地上、地下距离各为多少。

人防

在商业建筑中，很多项目均是有人防要求的，人防的面积需要人防部门前期审批，而人防不管在技术上和资金上都会是一个难题，因此在前期应与业主一起与人防部门进行对接。人防的面积是一个方面，人防的功能等级也很重要，人防功能有人员掩蔽所、物资库、电站、武装队、装备队、医务站等等，功能越复杂，要求的技术越高，需投入的成本也越大。

交通站点

地块内如有公交站、地铁、城市站等，不同交通类型对地块是有不同要求的，需满足其所有要求才能进行后续的规划建筑设计，因此也需提前与交通部门进行沟通。

市政条件

市政条件是做商业设计非常重要的一点，如燃气可供量、给排水的市政接口、地块内可供电压为多少、有无市政供暖等。如果市政条件不清楚，会影响规划布局，且无法进行管线设计。在设计前多沟通，能争取到更有利的市政供给条件，对未来的商业机电设计较为有利，能节约机电投入成本。

5.1.2 论证业主设计条件要求

除了政府的设计条件，在规划设计时，一般业主会有自己的设计任务书，对每种形式的产品功能均有指标及形式确定，这些是前期定位反映给设计的直接内容，因此对设计起着决定性作用。这个阶段可能是对策划定位最后一次的验证，也是最后一次推翻错误的机会。一般建筑设计师有可能参与不到第一轮拿地和第二轮定位阶段，而是直接拿着条件和数据进行设计，此条件和数据是否客观合理，无从知晓。这里面可能牵涉很多因素，策划团队的专业性、开发商的成熟度、团队的合作契合度，这些方面的问题都可能造成决策的失误。因此设计团队对设计条件进行论证是一项非常有意义的工作，如果论证结果是合理的，便可确保无疑地充满信心地走下去，如果论证结果是不合理的，一定要与开发商进行详细的讨论、并再三地确认，以便对设计条件和决策做适当的调整和优化。因此，此阶段工作绝不是画蛇添足而是锦上添花的，这也是一个优秀设计公司应该做的。

至于如何论证，可按第一篇和第二篇的方法进行一次数据收集和计算，得出一个设计单位的结论，然后需对场地进行实地调研，对地块的现实状况进行一个客观的分析，最后对未来的发展需有一个理智的判断。在此过程中，也许会有很多的问题产生，伴随问题的解决，设计团队与策划团队以及开发团队之间的沟通会为后面的设计和运营带来非常多的成熟有利的考虑。

5.1.3 法律法规政策

做设计时一定要熟悉国家和地方的各个规范及政策，它们对设计有相当大的影响。在商业项目方案设计时，下列规范经常会用到：

国家规范：

《民用设计通则》GB 50352-2005

《建筑设计防火规范》GB 50016-2014

《汽车库、修车库、停车场设计防火规范》GB 50067-2014

《人民防空工程设计防火规范》GB 50098-2009

《建筑工程建筑面积计算规范》GB/T 50353-2013

《车库建筑设计规范》JGJ100-2015

《商店建筑设计规范》JGJ48-2014

《饮食建筑设计规范》JGJ64-89

《办公建筑设计规范》JGJ67-2006

《旅馆建筑设计规范》JGJ62-2014

《住宅设计规范》GB 50096-2011

《关于加强超大城市综合体消防安全工作的指导意见》公消【2016】113号

地方规定：

地方城市规划管理技术规定

地方绿色建筑设计标准

地方城市规划条例

地方建筑面积与容积率计算规定及补充规定

5.1.4 商业的经济型指标

上述说的都是技术性指标，对于商业建筑来说，还有一项重要的指标就是经济型指标，它包括总出租面积及总销售面积、得铺率等，这些都是关系着商业实际利益的数据，除得铺率需设计完成才能得出之外，其他尽量能在前期就获得数据，因为商业规划设计中，不仅要考率建筑之间的关系，自持与出售的比例和布局策略也非常重要。同时，各个产品的面积比例也在经济型指标中起重要作用。

除此之外，要问清楚开发商是否对面积指标内容进行经济可行性评估，也就是对整个项目进行一个成本及收益的计算，确定规划方案的经济可行性。没有经过经济可行性评估所确立的任务书是不成立的，一个项目账都没有算过就盲目开发，可能会导致项目在最后整个推翻，造成没有必要的浪费。而在设计过程中，因为行情的变化或者资金周转的问题需要对整个项目的面积指标内容做调整，这种事情也时常发生。因此设计师也应了解开发商对面积指标的初衷，多次沟通，通过自己的专业知识提供更有效可行的实施方案。

经济指标案例　　　　　　　　　　　　　　　表 5-1

项目	总建筑面积（万 m²）	总用地面积（万 m²）	建筑面积（万 m²）				开业时间	项目位置	是否在轨交线上
			写字楼	商业	公寓	酒店			
IAPM 环茂广场	32.6	4.0	12.0	12.0	4.0	—	2013 年	黄浦区淮海中路 999 号	是
静安嘉里中心	45.0	4.6	15.2	8.6	1.8	7.3	2013 年	静安区南京西路 1515 号	是
港汇广场	40.0	5.4	13.4	13.0	8.5	—	1999 年	徐汇区虹桥路 1 号	是
中山公园龙之梦	32.0	2.6	2.4	22.0	—	4.4	2005 年	长宁区长宁路 1018 号	是
大宁商业国际广场	25.0	5.5	3.9	11.0	3.0	3.0	2006 年	大宁路与共和新路交汇点	否
虹桥南丰城	37.7	6.7	11.0	11.0	10.0（住宅）	—	2014 年	长宁区遵义路 100 号	否
国金中心	40.0	5.4	20.0	11.0	4.3	4.7	2010 年	浦东新区世纪大道 8 号	是
浦东嘉里城	33.0	5.9	9.3	4.5	7.0	3.4	2010 年	浦东新区芳甸路 1155 号	否
环球港	48.0	6.6	8.0	32.0	4.0	4.0	2013 年	普陀区中山北路 3300 号	是
五角场万达广场	33.4	6.0	8.1	25.3	—	—	2006 年	杨浦区邯郸路 600 号	是

5.2
项目分期

　　项目分期对于设计团队来说增加了设计的难度，且设计效益也会降低，设计周期会加长，那么为何仍然要分期，因为分期对某些开发商来说很可能是生死攸关的大事。商业地产不同于住宅地产，住宅地产只需一次性投入成本将楼盖起来，不管现在有市无市，楼盘好不好卖，只要盖好了，五年十年均可以销售，资金回笼也只是一个快慢的问题。而商业则不同，商业地产除了地价和土建成本，还需要装修、广告、销售、招商、运营等多方面的投入付出，包括未来的主力店贴补，真可以说节节寸寸需要花钱。如果资金跟不上，运营断裂，商业地产绝没有越放越值钱的说法，只会越放越死。商业必须运营起来才有价值，现今有太多的商业地产因为资金的问题而无法运营，导致最后楼盘空置，经营惨淡，甚至无人问津。因此分期可避免一次性投入大量资金，并能做到有效回笼，有利于项目的健康运转。

5.2.1 从产品考虑分期

　　以商业综合体为例，前面的内容中讲述了商业综合体有商业、办公、公寓、酒店、住宅等产品，这些产品都有一定的特性，它们在设计周期、投入成本、运营价值和资金回笼等方面各有所长，而每个开发商的实力也不同，导致这些产品的开发顺序也不尽相同。因此笔者对此做一个普遍规律性的介绍。

　　在考虑开发先后时，酒店一般是放在最后，因为酒店设计要求较多，设计周期较长，并且除了建造费、酒店的机电成本，装修成本也非常的高，而酒店的效益回收是最慢的，因此项目地块内如有酒店，一般会将其置于最后。

　　那何种业态应置于前期开发？应该首选商业，商业是商业综合体中最重要的产品，价值也最高，因此应把前期较好的条件和资金投入到商业产品中，假如预留一定的销售比，还能回收可观的资金。而且打造好了商业，便为地块的整体形象和气氛营造完成了大部分的工作，一旦商业成功了，后面将会是顺风顺水的进行下去。

　　然后是住宅，商业打造好了，住宅的售价及市场会有一个好的提升，此时销售住宅会有一个非常有利的时机，且住宅的入住，又可尽早地为商业铺垫人流，互利互惠，何乐而不为。

再者便是办公和公寓了，商业和住宅的成功，为地块的价值做了有力的保证，会吸引一部分人群来此投资，因此便有利于办公及公寓的开发，如果运营得好，一环扣一环，很有可能会在地块还未开发完便获得盈利。值得一提的是，分期开发并不一定是将各期截然分开，在开发周期上可以前后错开但适当重叠的方式进行。

5.2.2 从运营计划考虑分期

前面的考虑角度是从产品一般性规律出发，但是因为地块性质不同，项目的运营计划不同，开发的先后顺序也会发生改变。

比如，如果地块在非常集中的办公区域，也许项目开发并不一定以商业为先，而是将办公开发提前，假设地块位于城市 CBD 中心，那么这个地块本身就具有办公的市场需求，无须其他产品进行先运营及打造，办公产品只要一出现就会有非常好的局面，那么办公可能就会是第一项开发的产品。

又比如地块在城市位置很好的居住区，住宅根本不愁去化，那必然以住宅开发当先，资金很快可以回笼，商业在后期开发也不晚。

又或者地块位于旅游繁华区域，那么也许酒店会成为第一产品。

因此，运营计划相对于产品类型，是一个量身定制的内容，根据实际情况不同而做出不同的决策，而每个项目的运营计划跟资金回笼分不开。其实简单来说，就是哪个产品更容易被市场接受，就更容易快速开发成功。

5.2.3 从投入成本考虑分期

从建筑产品来说，单位面积投入成本，肯定是星级酒店和商业最高，办公第三，公寓和住宅相对较低。很多项目开发时，也会相当注意这一部分的影响，这与开发商的经济实力息息相关。在实际项目中，有些产品会因为投入成本低而先被开发。

说到开发成本，有一个特别重要的内容要注意——地库。由于一个项目的地库成本非常高，很多时候跟开发商谈项目的时候，他们一般会很关心停车位指标，为何要关注这个，就是因为停车指标与地库的面积息息相关。地库是一个不得不投入的成本，而且是在第一阶段就必须投入的，因为先建地下后建地上，但是在该阶段基本上没有什么经济效益，因此这对资金实力是一个很大的考验。那么如何解决这一问题呢？首先需要明确的是，由于地库关系停车位指标，而停车系统与现在的商业关系极为密切，如果少建地库而导致停车位不足，将会长久地影响未来的商业价值。因此在解决这个问题的时候，首先不能一味地想着减少停车数。

解决该问题通常有两个办法，一个是最简单的，将地库分期，地上地下都分期建设，先建一小部分地下，搭配地上的利于运作的产品，等收到一定成效之后再开发第二期。简单说就是将一块地分成好几块地来建设。未来可能因为要统一运营，将地库联合在一起，地下会有一些墙需要拆除重建等，但是这对于整个项目的资金操作来说是一个小问题。

第二个办法是，在地上解决停车。国内的停车库很多都建在地下，通常是因为用地紧张而开发商又希望把地上建筑的指标都转换为有收益的产品，从而最大化地实现商业价值。这的确适用于地块价值非常高的项目，但有些情况下，项目地块位置并没有那么好，可消化的容量也没有那么多，而开发商手里的资金又不是那么的丰裕，那么笔者就建议，将停车的一部分在地上解决，来减少地库成本投入压力。

图 5-2　上海星空广场停车楼

图 5-3　上海 K11 购物中心屋顶停车

5.2.4　综合考虑决定分期方案

　　总之，分期是规划中一个战略性操作手法，对于项目的运行有着直接的影响，因此决定分期时，可能是通过方方面面的因素综合分析而得出的。在分期决策过程中，成本测算和管理运营方案特别重要，而分期方案的可行性由建筑设计院结合各种制约因素来得出。因此，分期决策时一定要多部门协力合作，多方讨论，才能得到最有效最合理的方案。

5.3
总图布局设计

　　对设计条件进行梳理之后，接下来的工作便是总图设计。自此开始才是真正设计的开始，也是后面细化的主心骨，特别是对商业建筑来说，总图设计代表着商业理念的核心内容，是对整个项目总体思考的图面上的表达总结。它不同于住宅规划及其他公共建筑规划，不仅需要对交通、空间、建筑关系进行梳理，商业设计的总图规划还包含着利益权衡的结果。上一节已经梳理了各项前提要求，这一节主要讲述总图规划设计的设计步骤。

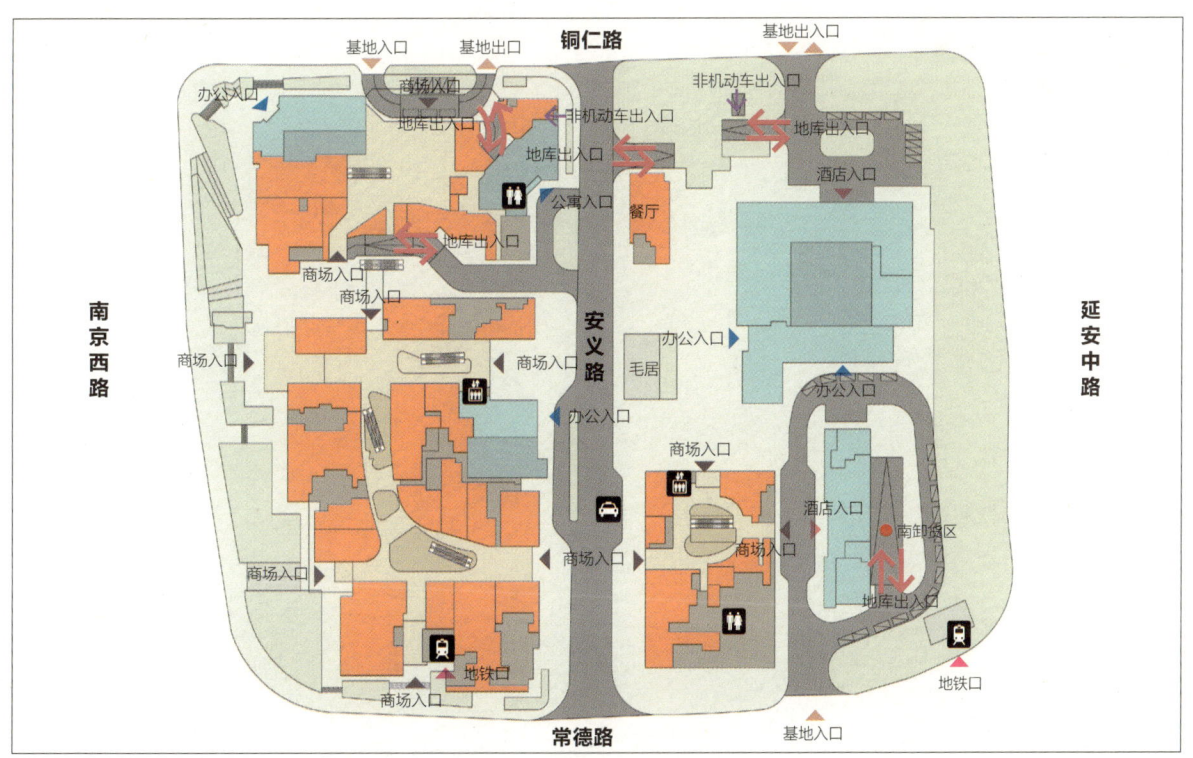

图 5-4　上海静安嘉里中心总图布局

5.3.1 梳理用地限制，制作用地限制图

拿到用地图时，应根据各个文件内容将用地限制因素进行梳理，包括退界、开口、高度、层高等等。为了有个明确的直观感受，一般会做一张用地限制总图，用不同的颜色表示用地的各个限制条件，如图：

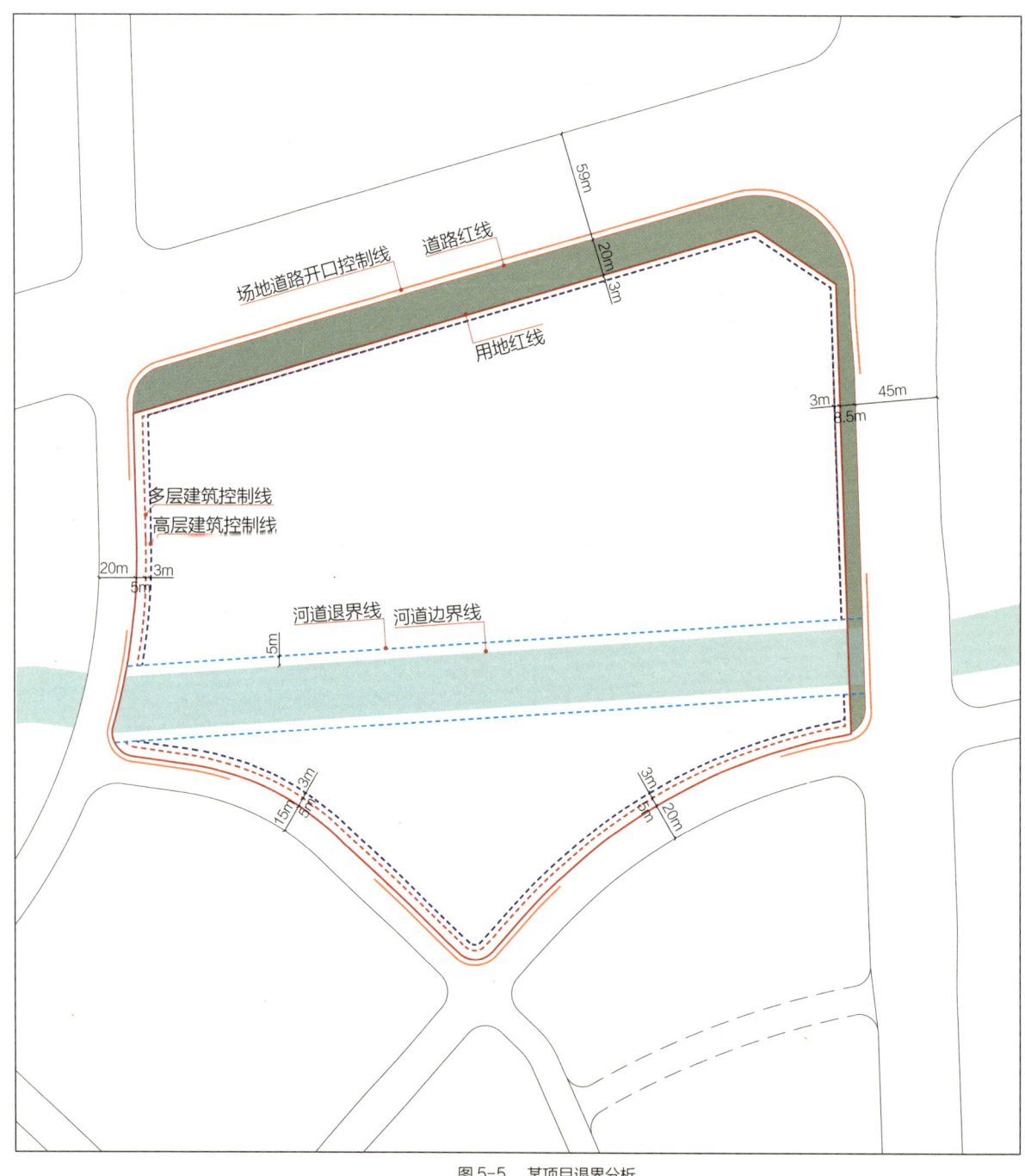

图 5-5　某项目退界分析

5.3.2 分析地块道路及交通情况

前面在拿地的时候说过，一块用地最好是临道路越多越好，而在道路的级别上最好是至少临一条城市高等级道路，即快速路或城市主干道，其他道路为次干道或者支路，而不同级别的道路对总体中各个产品的影响是不一样的，因此应在总图上分析道路的级别，并分析其他的交通情况，如地铁、公交站、出租车停靠点等，形成一张交通分析总图。如图：

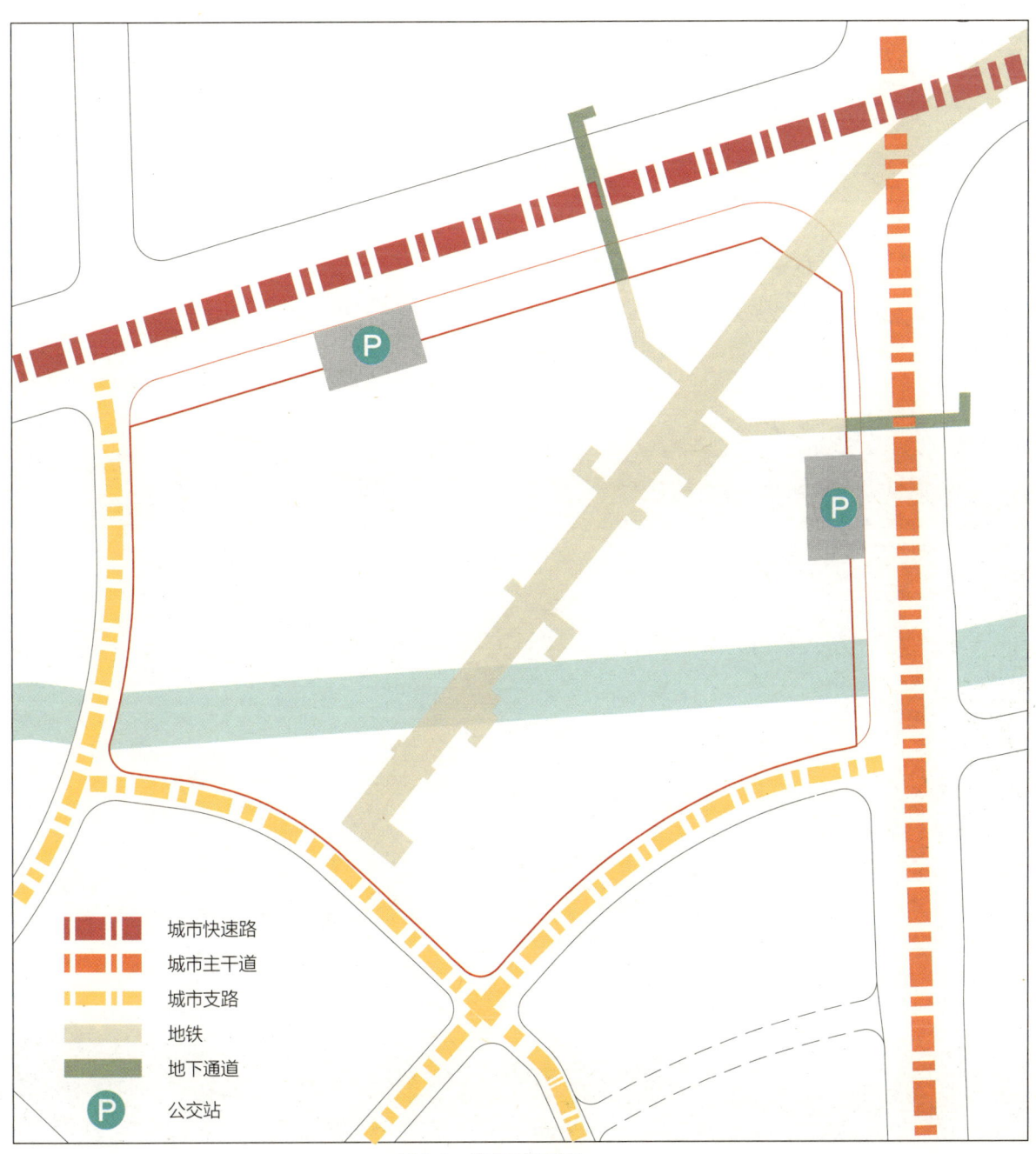

图 5-6　某项目交通分析

5.3.3 分析人流方向

商业人流走向对商业来说也是非常重要的，除了人流方向外，以何种方式进入地块内也很重要，而每个商业产品对人流的需求是不一样的，因此应有一张人流走向总图，来表达未来地块内人流的状态。如图：

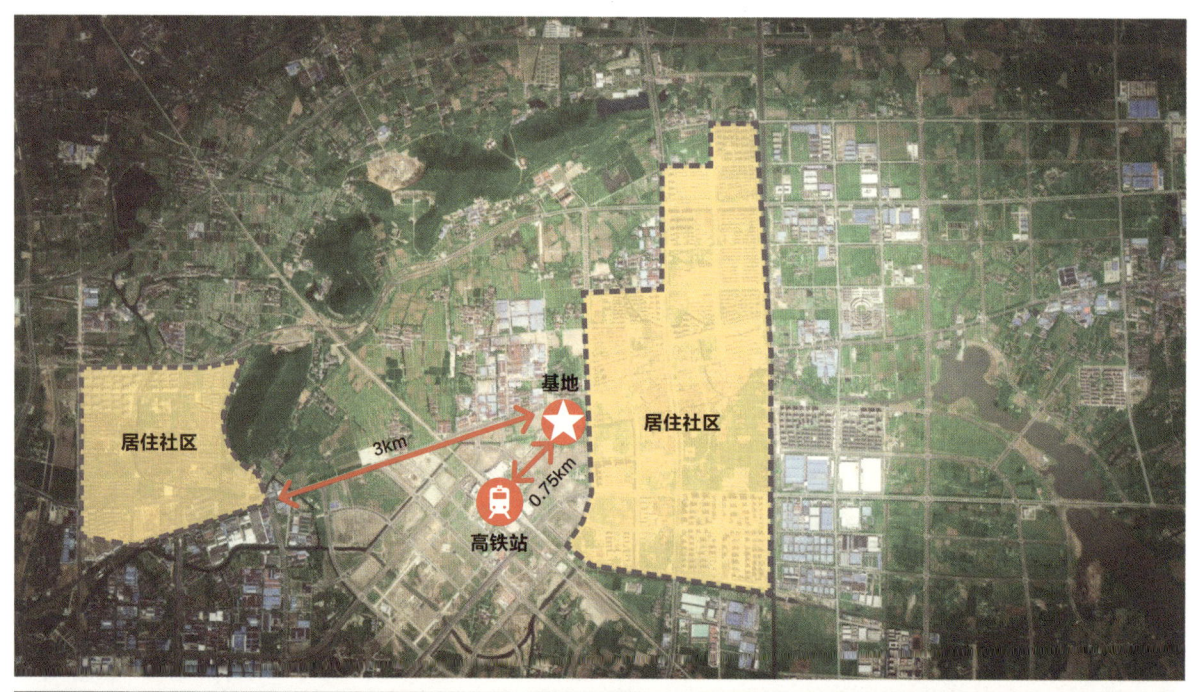

图5-7 某项目人流方向分析

5.3.4 分析周边环境

在布局设计之前，还应该对周边的建筑及环境做仔细分析，不同的周边环境对产品布局也有一定的利弊影响。至于哪些为有利因素，哪些为不利因素，在"第二篇：拿地"中，笔者已做说明。如图：

图 5-8　周边环境分析

5.3.5 确定产品位置的摆放

　　每个产品的特性和要求不同，应根据其特点，将每个产品的优势发挥到最大。前面的内容是对一个环境的理性表达，而产品摆放位置则是根据这些内容进行相应布置。

1. 商业

　　商业一般会要求面临人流量较大的街道，而人流量大的街道并不一定就代表着道路级别越高越好，因此城市快速路等高级别道路可能也不一定适合作为商业迎街面，因为城市快速路等高级别道路一般车流量较大，路面较为宽广，人流不易穿行，商业形象面不错，但氛围其实不是很好。因此城市主次干道或者人流量较大的街道，或者已形成局部商业氛围的街道作为商业主界面比较合适。如图：

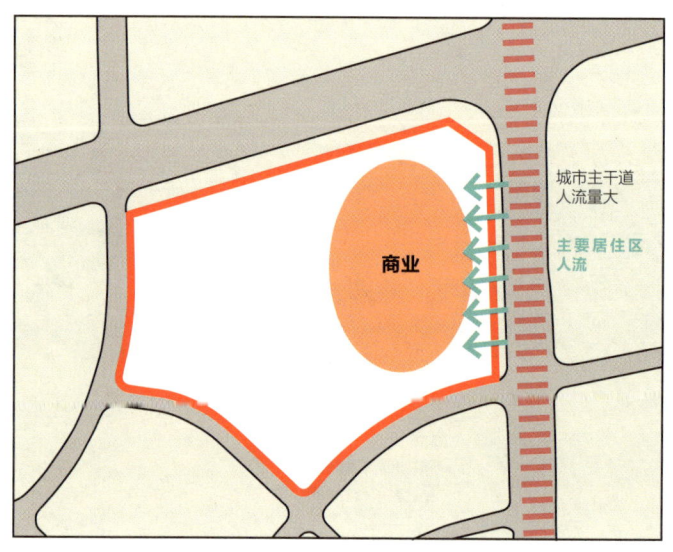

图5-9　商业摆放

　　如果项目中有部分商铺是出售的，那么商业设计摆布中还应考虑到出售与自持商铺的内容形式，是做在一栋内还是分开做，以什么形式做，未来如何在管理上及机电等方面分开，又如何在商业运营中互利互惠，这是商业建筑需要特别关注的一点。在设计上，出售与自持位置都得好，最好能做到互相帮衬。在很多商业项目中，有些将自持商业放置在最好的位置，而出售部分位置十分的背，导致未来商铺出售困难，或者即使售出去了，小商户也经营困难；而另外一种则是将最好的位置给了出售商铺，结果导致自持商业招商困难、运营惨淡。

2. 住宅

　　城市综合体中，住宅并不是一个主打形象的产品，因此住宅往往设置在综合体的较为背面的位置。第一，环境较为安静和私密，符合住宅产品特性要求；第二，住宅的价值是一次性的，出售即得到了价值，如将其放置在地块内的黄金位置会较为浪费，而其他产品则均是具备升值潜力的产品，随着地价的上升，其价值也会得到提高。住宅对日照要求也较高，因此尽量布置在采光、通风、日照、景观较好的地方。如图：

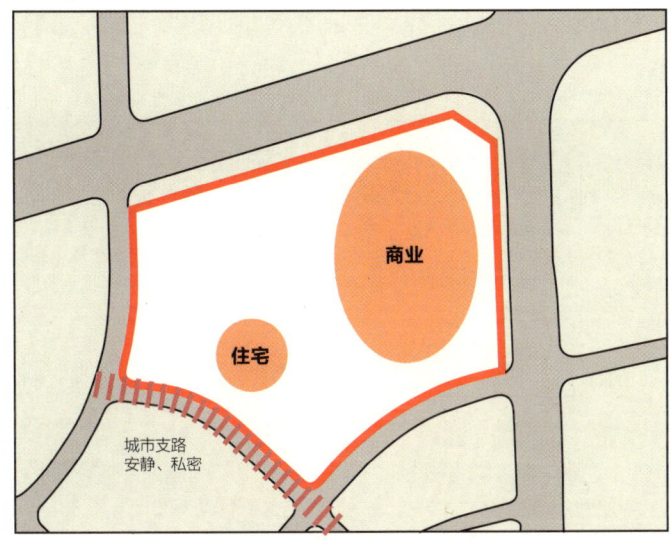

图 5-10　住宅摆放

3. 办公

办公产品不需要商业那样热闹，却也不必像住宅那样僻静，它更需要彰显自己独特的形象，因为综合体中不管商业是服务于城市、区域、社区还是街道，办公始终都是面向整个城市的。因此办公需要一个良好的界面作为形象面，所以临城市主干道、快速路和较宽广的界面均适合办公建筑。它不仅有利于办公形象扩展及广告宣传，而且城市高级道路有利于交通工具的到达（办公对交通条件是非常依赖的，尤其是可达性），因此，办公产品应设置在交通较便利的城市高级道路一侧。如图：

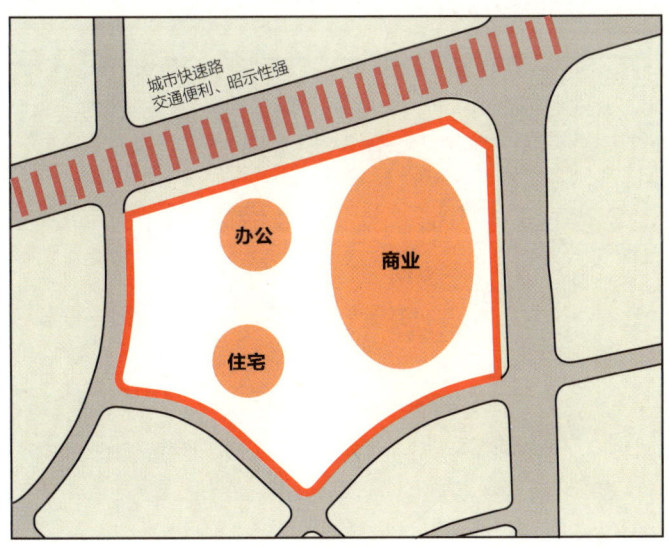

图 5-11　办公摆放

4. 酒店

酒店的位置需要综合考虑，一般地它需要形象面、人流量和广告面等，但也需要较为优越的环境，因此应结合其特性将其设计到恰如其分，面面俱到才行。而不同级别的酒店的要求也各不相同，星级酒店在乎私密性，商务酒店、经济酒店在乎人流量，精品酒店在乎环境，而它们共同在乎的还有招徕性。酒店建筑入口尽量与商业避开，有其独立的门脸及入口。如图：

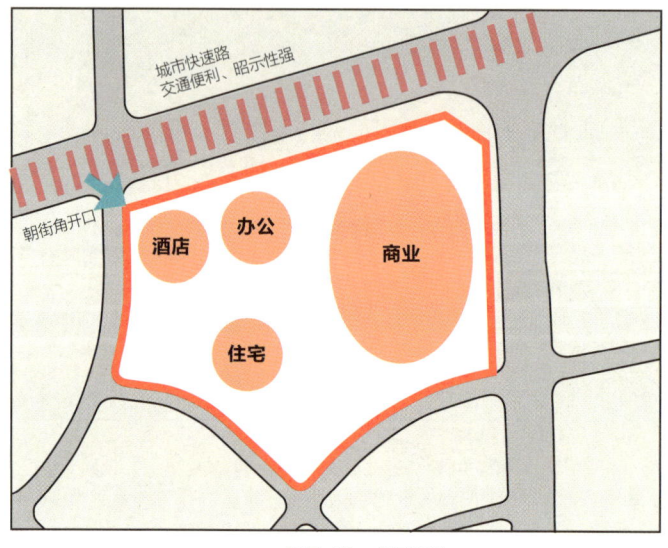

图 5-12　酒店摆放

5. 公寓

公寓产品介于住宅和办公之间，因此其位置和规划需根据产品的定位和后期管理方式来确定。比如，公寓如果确定为居住型，那其设计应该偏向住宅一点；如果为小型创业办公型，则需偏向办公一点；如果为酒店式公寓，那便要偏向酒店一点了。如图：

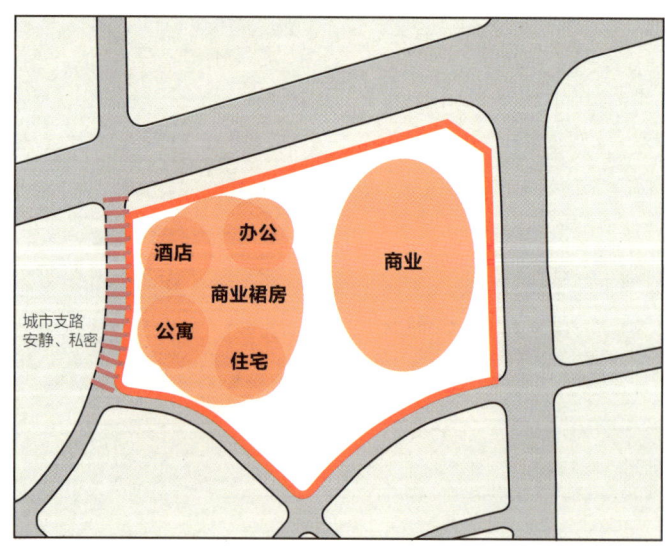

图 5-13　公寓摆放

很多综合体项目会有蛋糕上插蜡烛的做法，就是将公共建筑的塔楼放在商业上，商业作为裙房而存在，几个建筑融合在一起。尽管如此，每个产品的摆放也还是有其相互的关系和原则，依然可以根据以上所述来进行摆放。

5.3.6　确定产品的大小及高度

在确定产品摆放的位置之后,可以根据任务书中的指标及规划设计要点,确定产品的大小及高度,具体包括层数、层高及每层面积。这意味着每个产品从一个抽象的气泡图变成了有骨架的体量,从而为后面的设计做铺垫。

1. 高度设计

商业楼层越高价值越低,且高层商业与多层商业的防火措施也不一样,会产生成本上的差异;住宅的高度与成本造价相关;办公、公寓高度需结合功能、指标、城市形象综合考虑;酒店根据客房数量和标准层确定。在塔楼设计时,100m以下的高层是不需要做避难层的,很多这些类似的技术因素会成为建筑高度设计的非常重要的参考。同时,规划设计要点也会对地块高度进行限制。

2. 层高设计

层高的确定与使用要求有关,在设计任务书中,开发商一般会要求一个产品的使用净高为多少,然后设计师根据经验,推断结构设备所需高度,再加之净高,也就得出了每个产品的层高。在一定高度限制的情况下,层高越高,层数越少,这样不利于容积率做满,且造价也较高,因此设计师在设计层高时,既要充分预留结构设备的条件,也不能过于浪费,预留过多。

3. 层数得出

高度与层高确定了,那么层数也随即得出来,在计算层数的时候,不可忽略设备层的因素,一般在功能转换的时候,很多情况下都需要设置设备层,如将此忽略,很可能造成建筑超高。

4. 单层面积得出

产品总面积除以层数,即得出每个建筑的标准层面积,标准层面积在图纸上表现为平面大小。

5. 验证得出结果,进行修改

得出平面大小后,应根据建筑密度进行验算,如果超出建筑密度,必须减小平面尺寸,加大高度与层数。若建筑密度还差较多,说明没有充分利用土地优势,可适当增大平面尺寸及减小高度与层数。尽量地降低建筑高度,做到建筑密度的极限是一般会遵循的常理原则,因为土地利用越高,造价越低。但这并不是一定的,有些档次较高的商业社区可能会选择预留更多的空间环境,而不将建筑密度做满。另外值得注意的是,各个产品的平面大小包括进深面宽等会有一些合理的经验值,在验证过程中可以结合经验值一并考虑。

5.3.7　综合平衡各个因素,确定总图布局设计

最后根据各个步骤得出的结果对总图布局进行排布,过程中往往需要反复推敲,时时调整。因此可能每一个步骤都会进行多次比较甚至反复比较,最终需要设计师对各个利弊关系做总体权衡,得出最为有利的布局方案。在总图布局设计时,还要根据规划理念和结构,发挥创意,设计出联系紧密、动线清晰、又具有美好空间的总图规划。

5.4
停车场及停车库规划设计

5.4.1 确定所需停车数与停车库面积

商业的停车数往往与商业的面积有关，如果是商业综合体则与其他功能面积也相关，在设计之前，需确定项目机动车停车数量，然后进行设计。机动车停车数量以规划局提供的规划设计要点为准，如规划局没有提供停车指标或系数，则可根据规范标准（如当地城市规划管理技术规定或相关文件）讲行确定。

商业的停车库面积估算可按 45m²/车来计算，根据功能面积得出需要规划的车数再乘以该数字，即可大概得出停车库所需面积。可为后面的停车库设计确定一个大概的范围。

5.4.2 停车场方式确定

在确定好停车库大概所需面积之后，应确定以何种方式解决停车问题。常见的停车方式有五种。

1. 地下停车库

国内用地较为紧张，地下停车库是国内商业较多的停车模式。地下车库能节约土地资源，与地上建筑联系紧密，停车后所需行走距离较短，但造价较高，消防要求也很高。有些价值非常高的土地会将地下车库设置到地下三四层。采用此种方式的如上海国金中心、上海尚嘉中心、上海金虹桥等。这种方式不占用地，不占建筑密度，不占容积率，建造成本很高。

2. 地面停车场

地面停车场是在用地内划分出一定的区域作为停车区域，停车场独立存在，建造成本极低，停车方便快捷，但土地较为浪费，停车后需要在室外行走一段距离。这种方式在美国郊区的购物中心较多，在国内如果用地成本不是很高，又不希望投入太多成本，也可选择此种方式。采用此种方式的如华盛顿奥特莱斯购物中心、深圳深国投商业、天津佛罗伦萨小镇等。这种方式占用地，不占建筑密度，不占容积率，建造成本极低。

3. 地上停车楼

地上停车楼是区别于地下停车库与地面停车场的中间选择，一般以多层楼的地上建筑形式存在，停车楼的停车效率较高，土地利用比地面停车要好，造价成本没有地下停车库高，设备消防等条件也较为简单，适用于土地不那么紧张的项目。采用此种方式的如上海宝山宜家、上海星空广场、上海新世界城等。这种方式占用地，占建筑密度，占容积率，建造成本中等。

4. 低楼层或高楼层停车

当土地的确不那么宽松，却又不希望花费大量成本建造地下车库时，而在容积率较宽松，建筑密度很紧张的情况下，很多商业项目会选择将建筑的某几层拿出来做停车楼。如无锡宜家荟聚商业广场将首层作为停车场，上海K11商业广场的高楼层用于停车。这种方式具有地上独立停车楼的优势，但相对于独立的地上停车楼，这种方式往往与商业或其他功能混合在一起形成一个建筑，因此消防比独立停车楼要复杂一些。这种方式不占用地，不占建筑密度，占容积率，建造成本中等。

5. 屋面停车

如商业屋面有足够空间时，也可选择屋面停车，屋面停车要求屋顶设备较为规整，有较大面积的空地能停车，因此在很多商业项目中，如果餐饮店铺太多，或者屋顶其他设备较多则不具备屋顶停车的条件。上屋顶的汽车坡道较长，会占用一定的面积。而且很多商业项目的餐饮是要提供热水系统的，同时有些地方项目需满足绿色节能要求，用光伏发电费用比较高，地源热泵对土地空地要求比较高，因此很多商业项目会选择做屋面太阳能来解决。如果设置屋顶停车，可在停车位上方搭建镂空的架子，将太阳能放在架子上，既能为汽车遮挡阳光，也解决了屋顶热水的问题，但需与规划局沟通这种方式是否计算面积。屋面停车的案例有上海百联西郊、上海环球港等。这种方式不占用地，不占建筑密度，汽车坡道占小部分容积率，建造成本较低。

停车方式优劣分析 表 5-2

业态	是否占用地	是否占建筑密度	是否占容积率	建造成本
地下停车库	✕	✕	✕	★★★
地面停车场	✓	✕	✕	★☆☆
地上停车楼	✓	✓	✓	★★☆
低楼层或高楼层停车	✕	✕	✓	★★☆
屋面停车	✕	✕	✓	★☆☆

5.4.3 停车库出入口数量

《车库建筑设计规范》4.2.6 机动车库出入口和车道数量应符合表 4.2.6 的规定，且当车道数量大于等于 5 且停车当量大于 3000 辆时，机动车出入口数量应经过交通模拟计算确定。

机动车库出入口和车道数量　　　　　　　　　　　　　　　　　　表 5-3

规模 出入口和车道数量 ＼ 停车当量	特大型 > 1000	大型 501~1000	大型 301~500	中型 101~300	中型 51~100	小型 25~50	小型 < 25
机动车出入口数量	≥ 3	≥ 2		≥ 2	≥ 1	≥ 1	
非居住建筑出入口车道数量	≥ 5	≥ 4	≥ 3	≥ 2		≥ 2	≥ 1
居住建筑出入口车道数量	≥ 3	≥ 2	≥ 2	≥ 2		≥ 2	≥ 1

此条应注意的是，新的规范不仅对车库口数量有了规定，对出入口的车道数量也有规定，这是以前的车库建筑设计规范没有的。在很多项目的实际运营中，会将车库入口和出口独立开来，这样会尽量少的导致流线的交叉，提高停车效率。因此在设计时，不仅应满足规范要求的数量，还应与商业车库的有效运行方式结合，对车库出入口的流线做合理的设计。商业项目很多会有交通评估分析报告，可根据该报告进行设置。

建筑规模与基地机动车开口数量关系　　　　　　　　　　　　　　表 5-4

项目	总建筑面积 （万 m²）	基地机动车开口数	道路机动车开口数（个/万 m²）	车库口数	车道出入口数	机动车道出入口数（个/万 m³）	备注
IAPM 环茂广场	32.6	5	0.153	3	3 入 3 出	入口 0.092 出口 0.092	上海
静安嘉里中心	45.0	6	0.133	5	5 入 5 出	入口 0.111 出口 0.111	上海
港汇广场	40.0	5	0.125	3	2 入 2 出	入口 0.050 出口 0.050	上海
中山公园龙之梦	32.0	5	0.156	2	2 入 2 出	入口 0.0630 出口 0.0630	上海
大宁商业国际广场	25.0	4	0.160	3	3 入 2 出	入口 0.120 出口 0.080	上海
虹桥南丰城	37.7	4	0.106	4	2 入 2 出	入口 0.053 出口 0.053	上海
国金中心	40.0	6	0.15	4	4 入 3 出	入口 0.100 出口 0.075	上海
浦东嘉里城	33.0	5	0.152	3	3 入 3 出	入口 0.091 出口 0.091	上海
环球港	48.0	8	0.167	6	3 入 7 出	入口 0.063 出口 0.146	上海
五角场万达广场	33.4	4	0.12	3	3 入 3 出	入口 0.090 出口 0.090	上海
平均值			0.142			入口 0.083 出口 0.085	

5.5
车行动线设计

5.5.1　场地车行开口

　　总图规划设计中，确定了总体规划布局，紧接着需要确定场地出入口，场地出入口是整个项目交通的开关，有效的组织有利于后期运营中实际的使用，设置得好不仅能达到人车分流，交通流畅的功能性优势，结合立面和空间设计，还能设计出一个好的形象界面。场地开口设置原则如下：

　　1. 在地块周边道路上，除快速路或者城市主干道可能会限制开口外，周边道路一般都具有开口的条件。有些在规划局提供的用地图上就已经限制开口范围，同时需满足城市规划管理技术规定的要求，对十字路口有一定的距离退让。设计时应充分利用开口条件进行设计。一块商业用地最好有两个以上的开口，综合体项目一般要达到三个以上，才能较好地解决场地内的交通问题。

　　2. 城市的主要道路车行较为便利，一般设置为客流车行开口，而支路则相对不那么便利，一般设置后勤车行开口。

　　3. 车行开口尽量避开商业主界面，并应与车行动线结合设置，做到简短通畅。如场地外需设置公交站、的士停靠点等还需与之结合考虑。应尽量将场地内车行开口与公交车停靠点避开，如需设置在一条道路上，应将车行开口设置在公交站与的士停车点的后方，因为公交站与的士停车点都有上下客的需求，有一定的停滞时间，将车行开口设置在后方，便不会影响入口效率。

　　4. 车行开口要符合我国车右行的特点，开口管理是最好为只进或只出，出口及入口的方向也要符合右行规律，让司机开起来顺手并且安全。

　　5. 商业机动车开口应最为便利，应设置在主要道路显眼处，其他功能开口可设置在次要道路上，场地开口根据不同功能车行流线组合设计。

　　6. 在国外土地不那么紧张的条件下，为了解决机动车这个问题，一般是独立划分停车区域和商业区域，场地出入口完全按地块分为车行和人行。

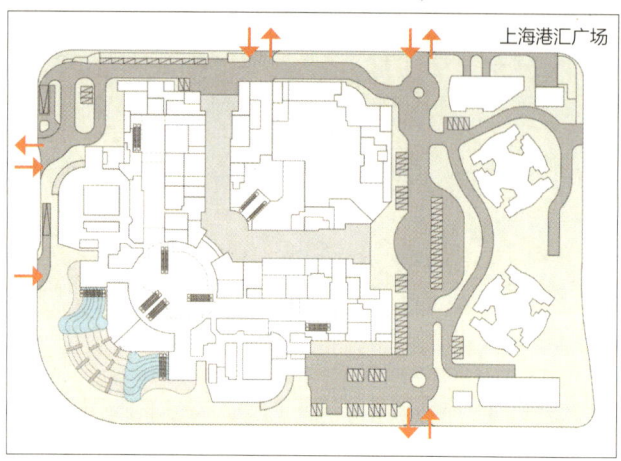
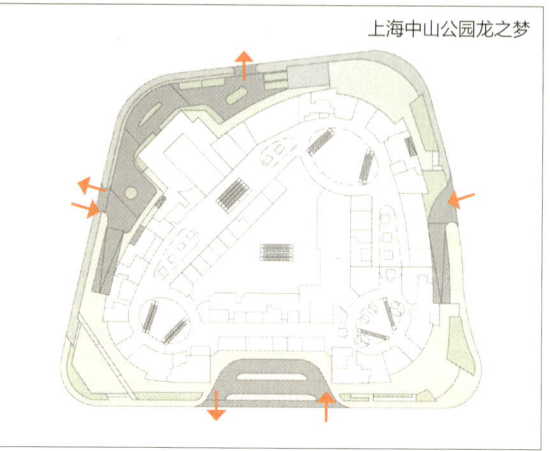
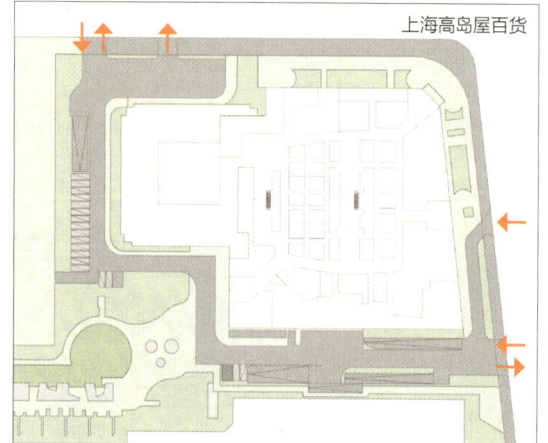
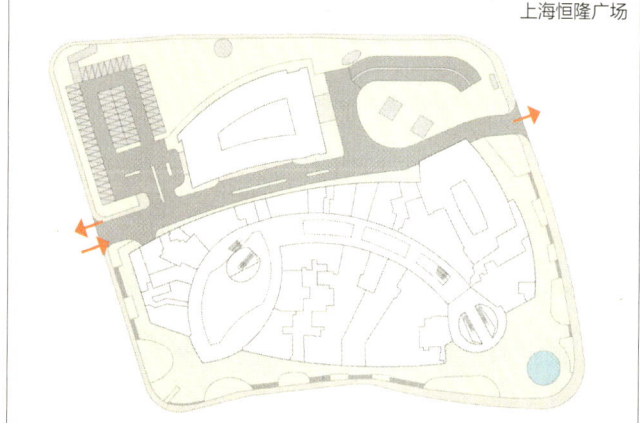

图5-14　场地车行开口分析

5.5.2 客运车行动线

设置好场地出入口，接下来就应该设计车行动线，并与场地出入口合理串联起来。商业建筑的客货一般需要分流，因此车行动线分为客运车行动线和货运车行动线两组，在规划设计上，这两组动线应尽量减少干扰。

即使是客运车行流线也分为不同功能的流线，有商业的、住宅的、酒店的、办公的、公寓的，而一块基地不可能在道路上有过多的车行开口，一般每条道路会允许开设一个，因此往往综合体中的开口是不能满足每种功能独自开口需要的，何况还有货运流线。因此在客运流线设计时，一定要掌握客运分流与共享。如果是星级酒店，一般需要独立设置车行流线；住宅需要有安全的管理和私密性，因此也需设置独立的车行流线；商业、办公、公寓均为公共性建筑，但商业车流较大，尽量将商业与办公、公寓分开，在很多受条件限制的情况下也会合用。

在用地紧张、办公管理较为良好的情况下，也存在与住宅共用的情况，因为早上办公车流入，住宅车流出，傍晚办公车流出，住宅车流入，刚好可以错开停车时间，如果在管理上没有问题，合用是一种非常节约资源的方式。一般场地内的车行道路多为双车道，但在管理运营时多为单向行驶，这样有利于流线通畅运行和减少交叉。

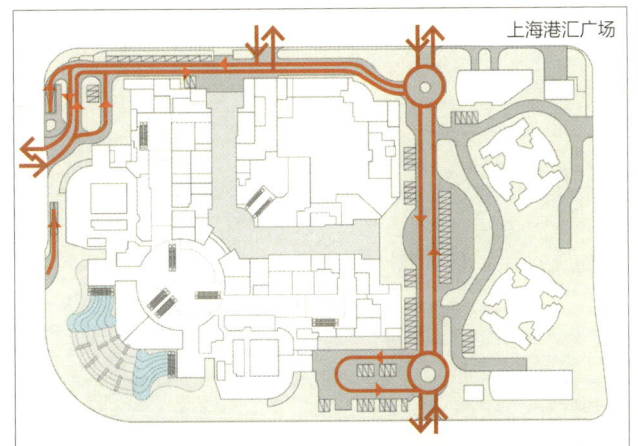
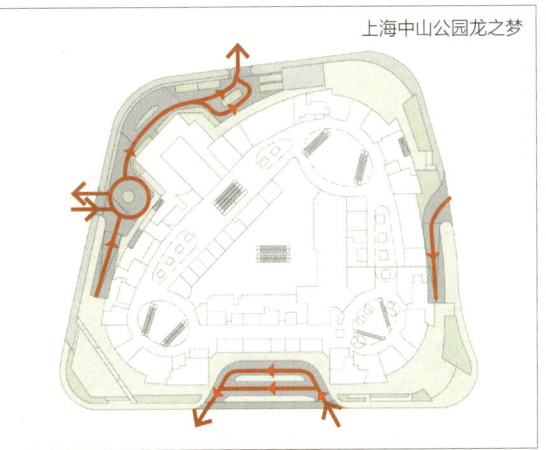
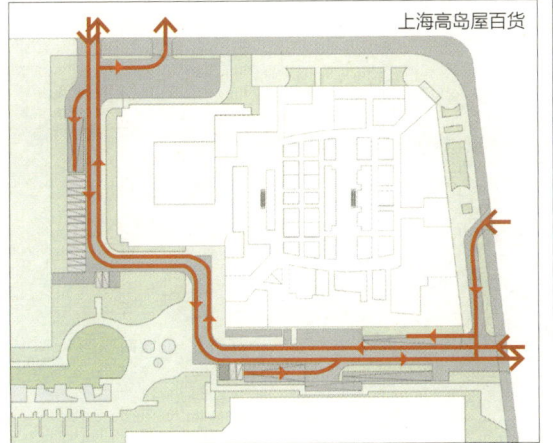
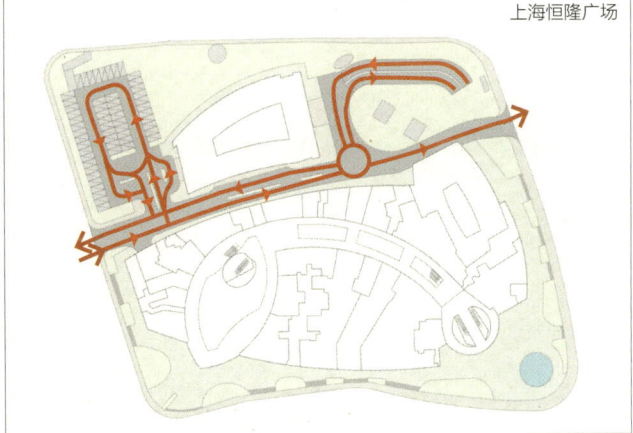

图 5-15　客运车行动线分析

5.5.3　货运车行动线

货运流线一般通过地块的最次级道路进行开口，因此货运流线一般会在商业的背面进行疏导。而货运动线最好能与客运动线区分开，互不干扰，如果实在无法分开，那么也应在管理上严格控制，控制好货车的出入时间，与客流进行时间段的分开。

货运车流对商业在视觉上和感受上均有不良的影响，因此货运动线设计还应尽量的短，这样才会尽量地减少流线交叉。

商业项目中，有些卸货是在首层后勤车道旁，有些则是在地下进行，一般在地面进行卸货的商业项目，在总图上将一个面设为后勤面，而在地下卸货的项目往往是地面上没有设置后勤面，这种方式将商业面最大化，地块环境也较为干净，但货车进入地库会对地库的净高有一定要求（万达的要求是3.6m），因此也会使地库层高增加，从而会加大地库建造成本。因此在设计货运流线时，应仔细考虑好利弊关系，多与开发商进行沟通与测算，最终设置最为合适的货运流线。

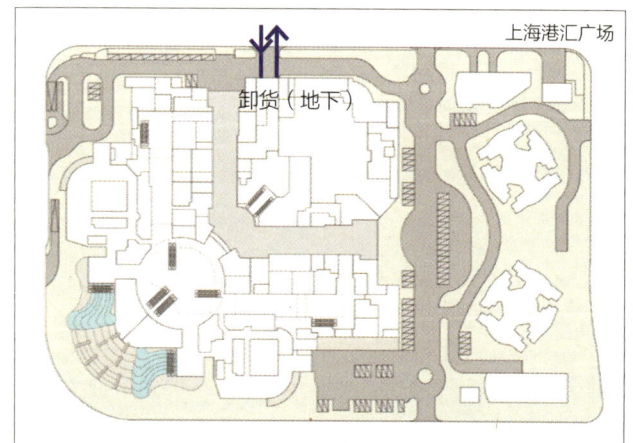
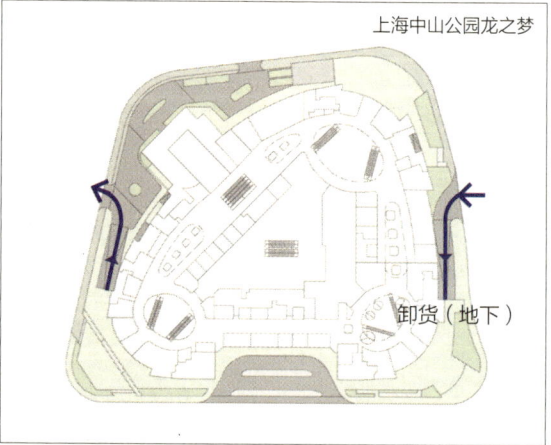
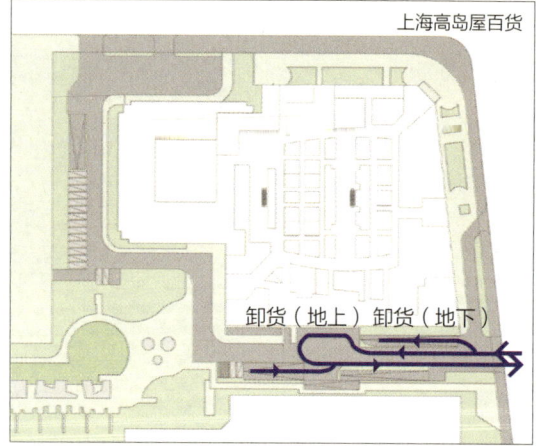
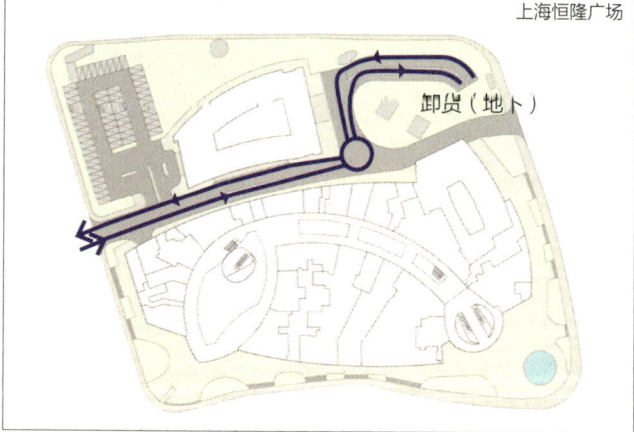

图 5-16　货运车行动线分析

5.5.4 车库出入口

车库出入口与场地出入口密切相关，因为场地出入口影响城市交通，车库出入口则影响项目交通。为使项目场地内尽量少的有车停留，一般将车库出入口紧邻场地出入口布置。在一些情况下，如果车库出入口数量比场地开口数量要多，会在场地出入口附近布置两个车库出入口，以此来进行机动车的分流；也有一口多用的情况，一个车库出入口供好几个功能共同使用的，此方法可能更为经济有效，但是对管理有一定的要求。

　　而除了按产品功能来分车库出入口以外，还要注意区分客货出入口，尤其是商业和酒店在客货分离方面是比较讲究的，如果商业有餐饮，会产生一定的餐厨垃圾，味道较大；星级酒店则比较注意客户的感受，一般都会将客车出入口和货车出入口进行分离。办公、公寓建筑则客货可共用。

　　在设计中尽量做到车库出入口单进或单出，这样不仅安全，并且在交通上会比较顺畅，管理上也比较好运作。在车库出入口方向选择上，尽量保持与相邻道路的车行方向一致。

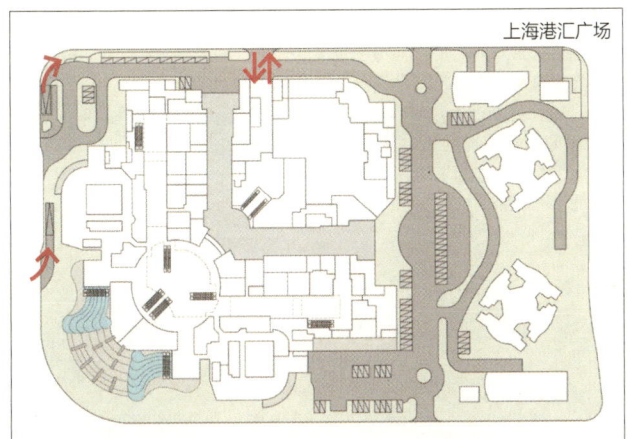
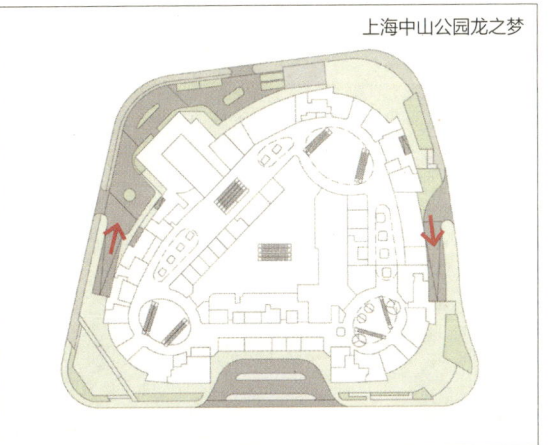
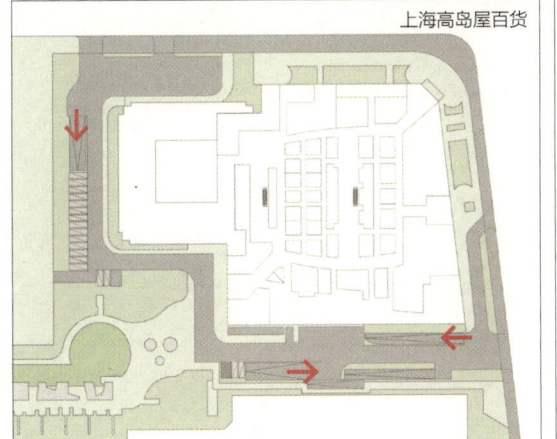
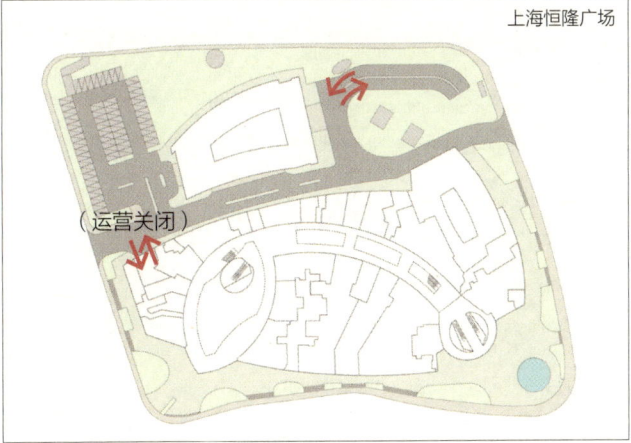

图 5-17　车库出入口分析

5.6
人行动线设计

5.6.1 场地人行开口

商业的场地人行出入口很多都以城市广场的形象出现，一是服务于城市市民，为其提供一处休闲聚集的空间，二是作为商业的一个主要展示面，并能起到消费者集散作用。人行开口一般远离车行开口。场地人行开口设置要注意以下原则：

1. 在设置人行出入口时要注意"金角银边草肚皮"的原则，即交叉路口可谓角，沿街道路为边，如果这两个条件都没有就是"草肚皮"了。因此场地出入口应尽量设置在十字路口处，有利于吸引四面八方的人流，并与商业建筑的主入口相接。

2. 在面积和规模上，城市广场的面积多为 2000m² 左右，其面积根据项目大小浮动，笔者认为广场并不是越大越好，过大的广场让人产生疏离感，没有亲切的商业氛围，太小的广场又太过于拥挤，让人感觉不太舒适。广场的大小还跟建筑上的 LED 广告屏有关，要保证进入广场的人流能看到建筑上方的广告屏。

3. 此外场地出入口还应与出租车、公交车、私家车停靠点紧密结合，不要让顾客下车后进入商业广场的路线过长。

4. 城市广场的设置还应避开高架桥、高压线、铁路线、快速路等不利条件，设置在人流容易到达的区域。

5.6.2 场地人行动线

人行动线即为人下车后如何从地块外步行到建筑内的流线，人行流线好坏影响着项目的品质。人行动线设计需注意以下几点：

1. 不同区域及功能的人行流线应有效区分开来，使功能之间不互相干扰，但在各个功能人行流线之间，笔者认为也应设计一条贯穿的流线将其连接起来，从而达到各个功能的有效连接，特别是为商业吸引人流。

2. 在商业项目动线设计中，动线需简单明了，在规划中不宜过分复杂，如果太过复杂，会使人迷失方向，给人不方便的感受。但动线也不能太过呆板直接，那样会失去了空间趣味性。

3. 人行动线尽量不与车行动线交叉，如果实在无法避免，可采用地下通道和人行天桥的方式解决。

4. 伴随人行动线的相关要素，如路程、景观、铺地、建筑空间的设计需注重氛围的营造，这也包括顾客在行走中，建筑外立面给人的感受。商业人行动线千万不能让人感觉单调乏味。

5. 结合人群的行为学和心理学原理，可利用人行动线的规律与路径设计商业店铺或者商业空间，以此为商业带来人流与利益。

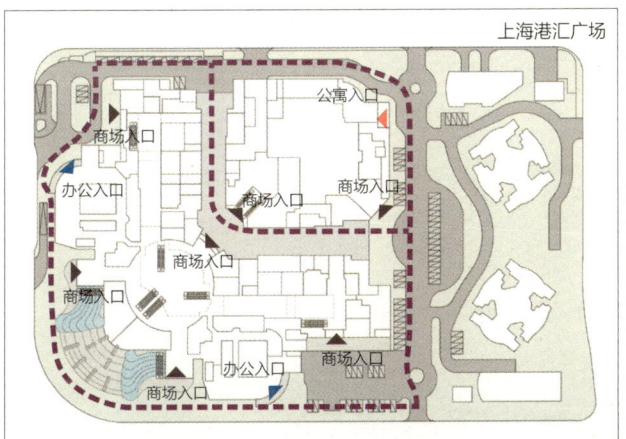
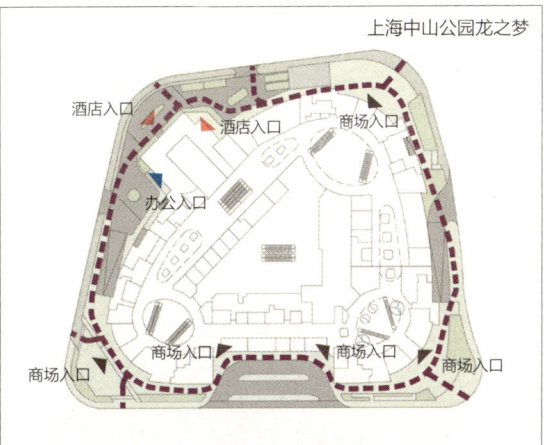
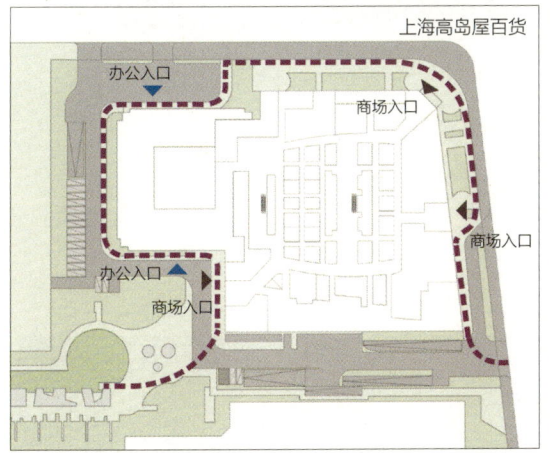
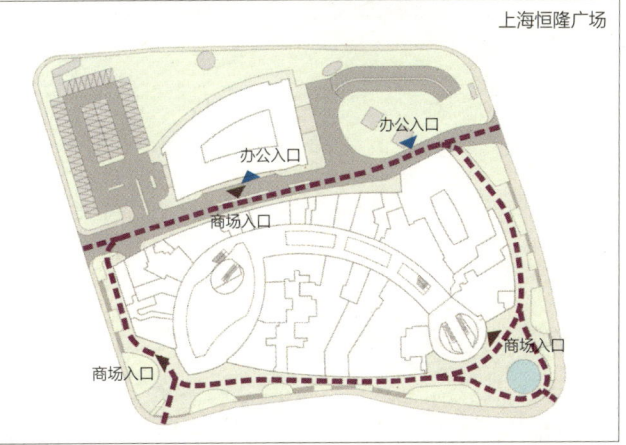

图 5-18　场地人行动线分析

5.6.3　立体人行动线

人行动线除了场地内平面上的，还有通过地上立体交通和地下人行通道进行连通的人行动线。地上立体交通，建筑间有连廊，地块间有人行天桥；地下建筑间有地下步行街，地块间有地下连通道；它们既可成为建筑间与场地间的联系，也可与交通站点形成直接联系，为商业人流提供便利，为地块吸引人流。另外地上立体交通与地下人行交通均提升了地上与地下商业的价值，有些项目处理得好可达到双首层甚至三首层的效果。

1. 天桥

很多商业项目地处城市较为繁华的区段，此区段交通量也较大，为缓解城市交通，会在交通量大的道路设置天桥来供行人穿行。在商业设计中，如果不加以利用，天桥反而会成为商业的不利因素，因为它没有地面穿行方便，再者会对立面有一定遮挡。因此在设计中，应尽量将天桥人流直接引入到商业内部，提升商业高楼层的价值。

图 5-19　上海徐家汇天桥

天桥的设置还有另外一种情况，在同一块区域的相邻商业或整个商业圈，为了达成互助互利的关系，他们之间会建立起连桥，可达到各个商业人流的无缝对接。

图 5-20　上海浦东陆家嘴商圈天桥

2.连廊

　　地块内的建筑连接，主要可以依靠连廊。连廊可把每个建筑高楼层的人联系起来，又能形成较好的空间氛围和室外环境，在连廊上行走可以做到人流的互相交流，视线也会变得更为开阔。还可在连廊上设立商业和外摆空间，增加商业价值。

　　商业一般首层价值最大，高楼层需要依靠内部的垂直交通进行疏导，自然没有那么方便，连廊的设置使人流很方便地在每个建筑的上楼层穿行，如在平地一般便捷，因此也大大提升了高楼层的商业价值。如上海市曹家渡商圈计划建一条空中连廊，串联起以悦达 889 广场为中心，包括芳汇广场、金廷 88、开开广场、曹家渡花鸟市场等九大商业坐标，号称为"一廊九鼎"；又如上海百联西郊、上海南丰城也采用了连廊元素。

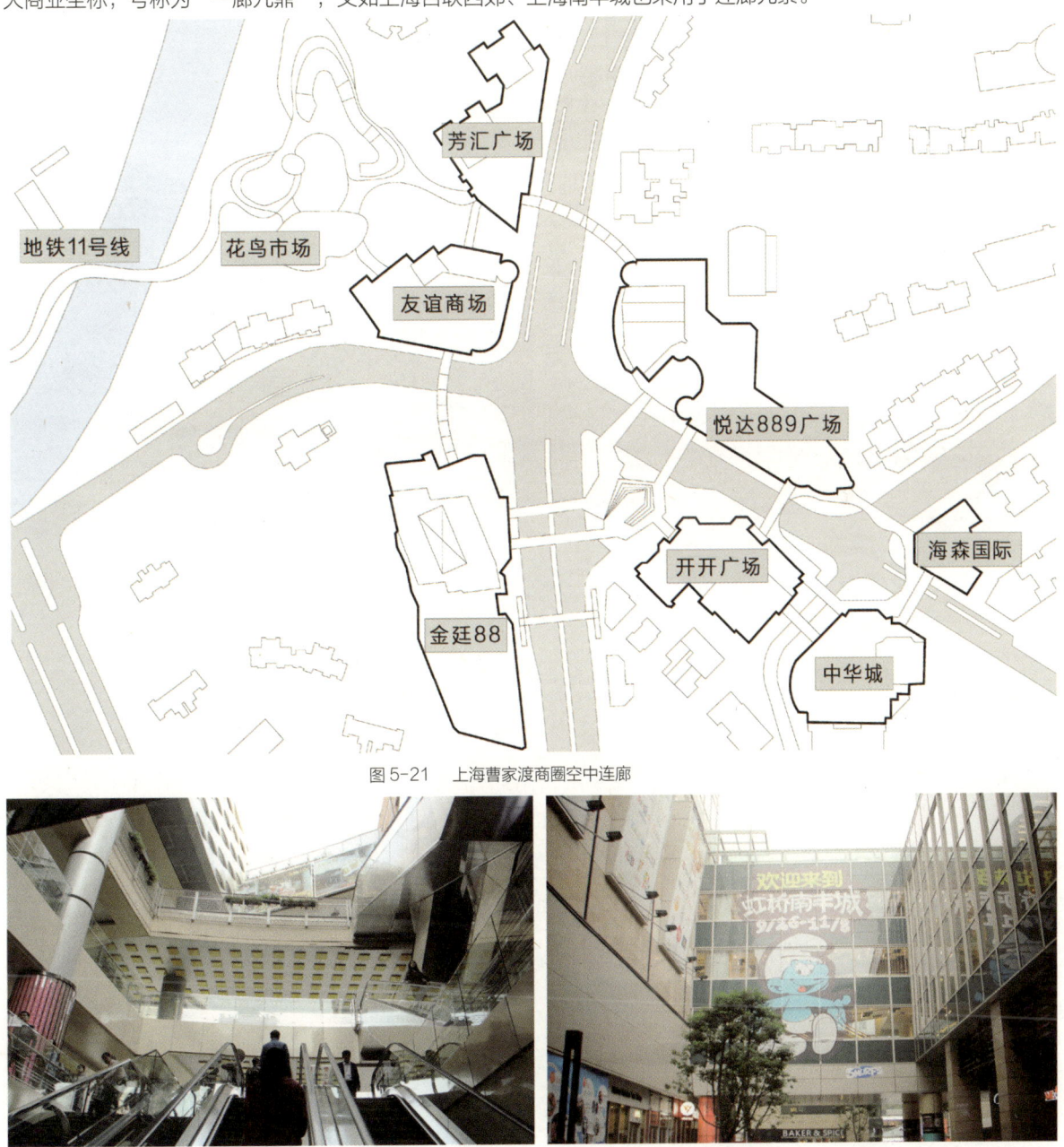

图 5-21　上海曹家渡商圈空中连廊

图 5-22　上海百联西郊　　　　　　　　图 5-23　上海南丰城

3. 地下连通道

地下连通道是为了解决交通状况而设立的。在很多地铁较发达的城市，商业为了利用此资源，地铁出口有几十个之多，通过连通道连接到商业地下层，增加商业人流和地块价值。这种地下连通道由于国内的消防要求，很少设置商业，如上海金虹桥与地铁隔了一个地块，但为了与之连接，自己在地下加了一条很长的通道，又如上海晶品购物中心设置的地下连通道与久光百货和地铁以及公交站均联通，大大提高了商业人流的可达性。

图 5-24　上海金虹桥地下通道　　　　　　　　　图 5-25　上海晶品地下通道

4. 地下商业街

如果有地下连通过来的人流，开发商往往都不会忽略掉地下的商业价值，因此与地铁连通道平接的地下商业街便产生出来。地下商业街不占容积率，如与地铁连接，人流进入也十分方便，人流量也很大。而且地下商业街能将地面上分开的建筑单体连接起来，也为商业贯通性带来便利。很多项目的地下商业甚至比首层的商业运营得更好，租金更高。如上海五角场万达中心，它作为万达的第二代产品，是由一个个独立的建筑形成的地上街区，地上通过室外广场及步行道进行连接，各个建筑之间较为独立。因此在其地下一层设置了一条地下商业街，将每个建筑在地下串联起来，并在节点部位做天窗以获得采光，尺度也较为舒适，加上机电空调的设置，在地下商业街逛比在地面上逛要更舒适一些。该项目加之与地铁十号线相连，人流量很大，因此五角场地下一层的生意是很好的。

地下商业虽不计容积率，但也不可盲目设置，有些不具备地下人流的情况建议不设置。因为设置了地下商业，地下停车就得再往下设置，建造成本也会增加很多。另外一个原因，如果盲目设置地下商业，会增加地下出地面的疏散楼梯等，反而会影响地面的商业价值。但有些黄金地段，为将商业价值发挥到最大，即使没有地铁连通的，也有做地下商业的，其功能多为美食街区或者超市等，如上海尚嘉中心、上海南丰城。

图 5-27　上海尚嘉中心地下商业

图 5-26　上海五角场万达广场地下商业

图 5-28　上海南丰城地下商业

5.6.4 场地广场节点设计

　　人流动线中有个很重要的节点，那便是广场。如果说车流靠场地出入口进入项目，那人流则是主要依靠广场。广场不仅是人流进入场地的接入点，还为城市提供公共活动空间，更是一个商业综合体项目的形象代表，并且在商业运营中可以定期举办活动，有时候广场的氛围在整个项目的氛围中占据着非常重要的角色。商业需要多个城市广场将人流导入项目内，因此一般商业项目在十字路口及道路转角处都会设置城市广场，除此之外，如果是较大的商业项目或商业综合体，也会在项目内部设置较大的广场（如上海市百联西郊购物中心、上海市 96 广场），目的是将人流引入到场地内。而住宅、办公、和公寓则不一定会需要广场，一般会在入口处做一些开敞空间或景观处理，星级酒店会在主入口处设置一个开敞的环岛空间，将人流、车流、景观结合进行考虑。

图 5-29　上海百联西郊

图 5-30　上海 96 广场

1. 入口广场

在设计入口广场时，要注意其尺度，入口广场过大，会增加人进入到建筑的距离，太小又显得不够开敞，会让人觉得拥挤。入口广场尺寸可根据项目大小区分。广场同样应有一个较好的形式与周围建筑相结合，并应注意其景观处理。在广场上可设计具有昭示性的构筑物，如飘蓬或灯箱广告等，也可设置精神堡垒或广告牌等（如无锡万象城的飘板，上海金虹桥 LED 展示广告牌）。

图 5-32　上海某商场（广场尺度过小）

图 5-31　上海某商场（广场尺度过大）

图 5-33　无锡万象城

图 5-34　上海金虹桥

2. 中心广场

中心广场一般作为项目内部的广场，主要承担举办活动的作用，尺度一般要比入口广场稍大些。中心广场的设计要注意与整体概念的融合，使各个建筑围绕中心广场活跃起来，活跃的中心广场具有吸引人流的作用，将人流吸引到场地内部。除建筑空间设计外，在广场景观还有活动方面最好能别出心裁，使其具有吸引力。目前很多商业项目在中心广场都引入了很多游乐设施，来增加气氛，还有些会设置室外表演场地或舞台（如南京水游城，日本博多运河城）。

图 5-35　南京水游城　　　　　　　　　　　　　　　　　　　　图 5-36　日本博多运河城

3. 节点广场

节点广场作为项目内动线中的休憩点而存在。动线过长，人会觉得乏味，因此应在一定的距离设置节点广场，作为休憩空间。节点广场可布置些景观座椅、移动花车等，让顾客在步行中获得短暂休息。

5.6.5　建筑人行入口

建筑人行入口在总平面位置上一般紧邻入口广场。办公公寓等功能建筑的主入口要让位于商业，不必过于显眼，但应在便利的位置。商业设置入口时需区分主次。内部主动线上的为主入口，其他为次入口，主入口需较宽敞，让人一进去就有舒畅的感觉，次入口在内部不宜过大，以免商业人流漏掉，但次入口在外立面设计上仍可显眼，以吸引人流进入。

在立面设计上，建筑人行入口也是一项非常重要的工作。建筑入口的立面就代表着商业的门脸，在规划中，建筑入口一般会有非常绚丽的造型设计，以吸引人的眼球和打造商业形象。在入口的立面一定要预留广告位置，如LED屏或者主要广告位。在空间设计上，入口一定要比较宽敞，给人的感觉要气派，风格要时尚动感。如圆融时代广场在入口处设置天幕，来强化入口和吸引人流，后来圆融的这个入口成为其标志性形象，另外松江万达的入口也制造了绚丽的动画效果。

图 5-37　苏州圆融时代广场　　　　　　　　　　　　　　　　图 5-38　上海松江万达

　　上海某商业在入口设计上出现了一定失误，导致原本设计的建筑主入口在后期的运营中实际人流使用较少，因而没有发挥其作用。如图，某项目在交叉口设置了商业的主要形象入口，建筑退后形成了较大的广场，其广场形式做成了直通二层的大台阶，旁边有阶梯状的大型水景，很是壮观。其设计目的可能是为了创造双首层的效果，提升二层商业的价值，原先的用意可能也并没有什么错误，但是在细节设计上却出现了一些错误。

　　第一，强化二层入口后不能忽略一层入口的重要性，此入口左右两边各设置了一个进入商场一层的入口，入口太小太不显眼，弱化了一层的商业价值。

　　第二，从台阶上去后即是几扇大的玻璃门，该门本应为建筑主入口的，但是其扶梯位置设置错误，扶梯并未设置在大台阶的两侧，而是设置在水景的两侧，商业人流是不会愿意爬楼梯的，因此人流选择扶梯上二层，上了二层只对应旁边的两个小门，因此中间的大入口也就没有了人流，最后只好将其关闭，而对应入口与中央广场的过渡空间租赁给了一家甜品店，这就使一个本应具有优秀体验的主入口丧失了其魅力和价值，相比之下，地下的入口反倒承担了主要的人流。

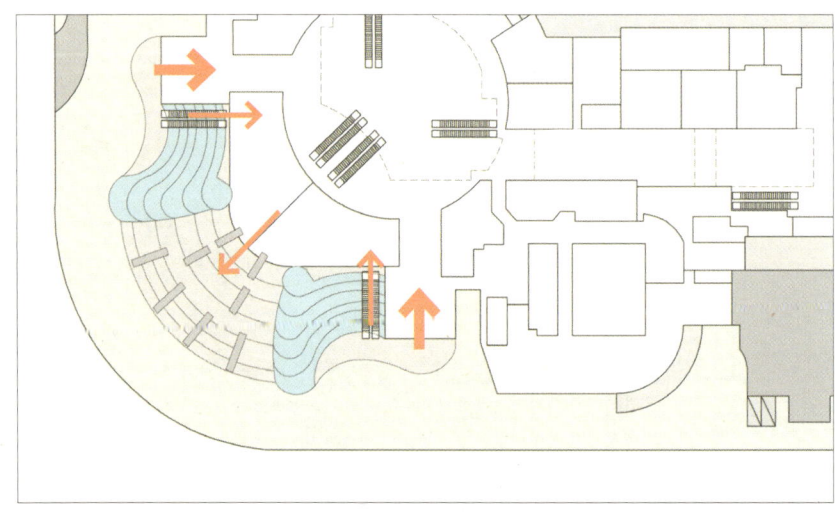

图 5-39　某项目主入口

5.7
总体形态概念设计

　　当规划的主结构已经进行了基本布局后，形态与主题概念便是后面非常重要的工作内容。前面的设计均是对平面的、个体的以及相互关系上的推敲，而形态概念设计则将其化为空间的直观感受。一个好的商业形象能给消费者带来愉悦，并且为品牌树立形象，而且在前期阶段，政府也比较关注这一块，因此在规划设计中，立体形态也是很重要的一块内容。而在规划阶段，需要的仍是一个大方向性的内容，商业建筑的立面设计则复杂和精细得多，在后面建筑设计章节中会着重讲述。在这个过程中，不仅应了解业主和政府的喜好，理解消费者的商业消费喜好，并应根据项目定位把握设计形态与概念、项目档次、客户群、商业性格特征等，这些都跟形象与概念的确定息息相关，如果能结合之前策划的想法及策略，做到形质统一就比较理想，如上海环球港和上海晶品购物中心根据其定位分别采用了新古典和现代的建筑风格。

图 5-40　上海环球港　　　　　　　　　　　　　　　　　图 5-41　上海晶品购物中心

5.8
平面内容填充

本节所述填充内容这一项也是建筑功能设计的规划，是建筑平面设计一个大的指导方向。在这个过程中与设计配合的团队是开发商、招商、策划及销售团队。简单点说，就是基本明确功能产品和子产品内容以及各个功能容量的设定。

5.8.1 购物中心

购物中心内容主要为：

1. 主力店

根据定位、策划及招商拟定主力店形式及规模。在此阶段，这个可能是一个方向，因为在后面招商过程中会遇到很多问题，这都是需要随时更改的。比如，在很多商业中可能会引入电影院、超市和儿童主力店，这三个可能是目前商场主力店的主要内容，因为他们能吸引大量的人流，而其他如 KTV、健身、按摩、溜冰场、运动馆、展览馆等主力店内容可根据业主的招商实力和策划内容去进行选定。

2. 店铺内容

拟定零售、生活配套、餐饮所占楼层和平面位置。目前由于网店的冲击，餐饮的比例越来越高，而零售比例则相对降低，应根据具体地段、消费需求以及定位进行设计。

3. 店铺大小

店铺大小一般随着城市、地段、档次、消费能力及定位的不同而不同，因为店铺大小直接跟租金相关，越大的商铺档次越高，租金越贵，营业额也得有相当的量才能做到盈利，而消费者是不是能承受得起，商业能不能运营得起来，则需仔细斟酌。这也可以是招商团队来提出要求，但店铺大小与平面大小的关系影响着动线的合理性，因此设计者需多番比较考虑，来提供技术性的反馈。

5.8.2　商业街

商业街的主要内容是：

1. 店铺形式

需明确是环廊单层铺还是跨层商铺。环廊单层铺即为每一层都通过公共连廊进行联系，连廊上又设置公共垂直交通，如楼梯、扶梯和电梯等。这种方式每层都是单间的店铺形式，门脸对着走廊。跨层商铺可分为一拖二、一拖三、一拖四或二拖三等，意思就是一楼一个门脸，然后上面的二三四层跟一层是一家，在商铺内部各自做楼梯作为垂直交通。在前几年行情较好的时候，跨层商铺很好卖，且出手快，设计销售也非常简单，因为要买商铺得带着楼层高的跟一层铺面一起买，单价不高，但单个店铺售价总额较高。环廊单层铺由于面积较小，产品总售价也较低，较易销售，但是楼层高的店铺销售是个难点。综合目前的情况，从投资的角度来看，投资者越来越谨慎，售价低的产品相对好卖；从商业的角度来看，小店铺好经营，容易盘活，商业地产比较容易升值。因此笔者认为，单层环廊铺可能更适合现在的商业大环境。而有些特殊的商业产品除外，比如只适合做沿街商业的商业街，或者产品较为特殊的商业街（如美食街），有些需面积较大，或者带些产业办公性质的商业街等。

2. 面积大小

需跟销售和商业经营紧密联系。

5.8.3　住宅、办公、公寓、酒店

1. 住宅

住宅主要是确定主力户型及相应比例。这需要销售团队根据周边情况做一个准确的市场调研，才能拟定产品，开发商再经过经济测算，来得出一个比例，尤其要注意楼层的高度和产品搭配。

2. 办公

（1）需明确办公是出租还是出售模式。

（2）需明确划分单个空间面积大小。

3. 公寓

（1）需明确公寓产品的经营模式。

（2）需明确划分单个空间面积大小。

4. 酒店

（1）需明确酒店星级定位。

（2）需明确酒店的客房标准及配套要求。

（3）需明确酒店的总建筑面积。

基本明确上述内容之后，便可以开始做规划的平面设计，规划的平面设计不同于建筑平面设计，它是对产品内容做一个基本的设计，为未来建筑设计明确一个主要的方向，并可为招商做一个图纸和内容表达上的技术支持。因此规划平面设计应简单明了，主结构清晰，并在表达上有一定的美感。

第六篇　**建筑设计**
Architecture
Design

Chapter

06

商业建筑的规划设计，是商业在总体上的统筹布局，属于战略层面的内容，本篇建筑设计则主要讲述设计的技术要点，并将规划方案进行落地性设计。建筑设计首先应把握好主要的设计思路及结构，再对细节问题加以推敲和取舍，在许多技术性要点抉择时，商业建筑会有一些经验值作为参考，但在实际项目中，还是需要设计人员结合项目情况做出决策，这也是商业建筑设计的难点。

6.1
设计条件解读

　　凡在设计开始的每一个阶段，笔者都加入了设计条件论证环节，由此可见，笔者认为设计者对到达手上的条件均应持理性验证的态度。设计条件是设计的根本依据，可以说是设计的源头。一旦犯下错误，所造成的失误和浪费不可挽回，因此，即便是经过再权威的机构得到的数据，笔者认为在到达设计者手中时，也需要经过仔细解读及确认。

　　经历完前期的策划、定位和规划，在开始建筑设计之前，会得到一个明确的设计任务书。任务书包含的内容较为详细，如在规划设计中得出了各个单体在总图中的位置、体量、面积等；在定位中得出了商业的档次、业态、租售比等；而销售则会给出出售产品的面积大小；招商团队会给出主力店的主要类型及自持店铺大小。这些内容是商业建筑设计的基本要点，需要将其与各团队进行沟通，充分了解其用意，这样即使在后期需要改动，也能充分地理解设置这些条件的意图。

　　方案设计任务书的内容主要有：项目基本情况、项目技术经济指标、项目定位、开发理念、总体规划原则、单体设计原则、建筑风格、景观设计原则、交通组织、配套设施、设计成果、设计周期等。在设计前应仔细研读，如有什么问题应及时沟通。

6.2
水平动线设计

6.2.1 动线宜简忌繁

　　水平动线设计是商业平面设计的主结构，在设计时，应尽量将主动线设计得清晰明了，太过繁琐的动线容易让人迷失方向，使得消费这一行为变得困难。在实际案例中，动线较多的商业在不同的分支上往往会出现客流量的显著差异，也就是说消费者在一个平面内会根据自己喜好选择一条主要的行进路线，而不一定会兼顾到商业内的所有动线。因此，动线简单明了更容易将客流集中到一条路线上，而不是让其分散开来。

　　在实际项目中，由于情况各异，某类动线并不一定能解决所有的问题，动线也只是设计中的一个要项，有时为了解决店铺太小、地形因素、商业类型等矛盾，会产生出形态各异的动线形式。笔者对较常出现的动线形式加以归纳总结，并阐述其设计的原因和初衷，希望能为设计者在选择动线类型时提供一个有效的依据和经验。

1. 平面动线的形状类型

（1）一字形

　　一字形动线是最简单的动线，流线简单，无商业死角，是大多数商业项目首选的方式。"L"形、"U"形、"S"形动线其本质上仍为一字型，只是形状有所改变，因此可看做一字型动线的拓扑和衍生形态。一字型动线是最理想的动线形式，但它对建筑形状、基地条件及主力店有一定条件的要求。一字型动线一般会设置在长方形的地块内，并且需要有大的主力店来消化多余的进深。如果基地形状过厚，无明确的形态走势，就得设置其他类型的商业主动线。

　　"一"字形动线在布置主力店时基本为两头较多，称为哑铃形布置；"U"字形动线的主力店一般被"U"形的商铺所包围；"S"形的主力店布置则在对角的位置。如图 6-1 所示。

 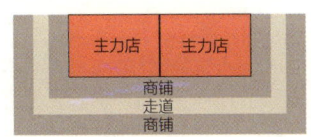 

图 6-1　一字形动线主力店布置

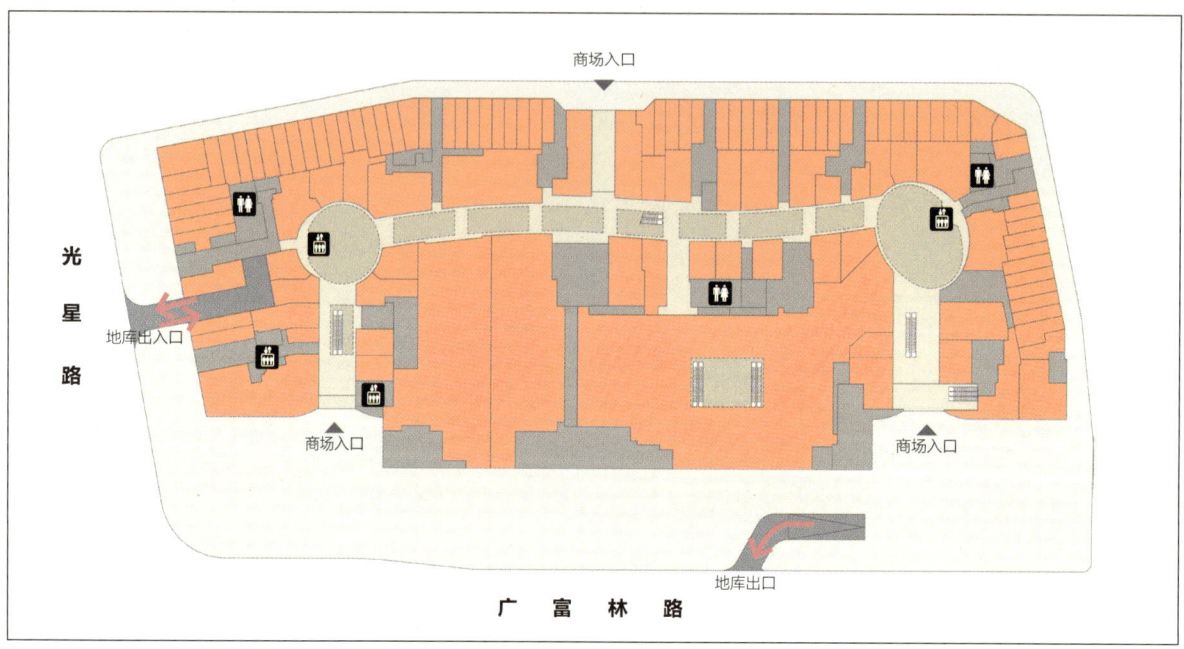

图6-2　上海金山万达

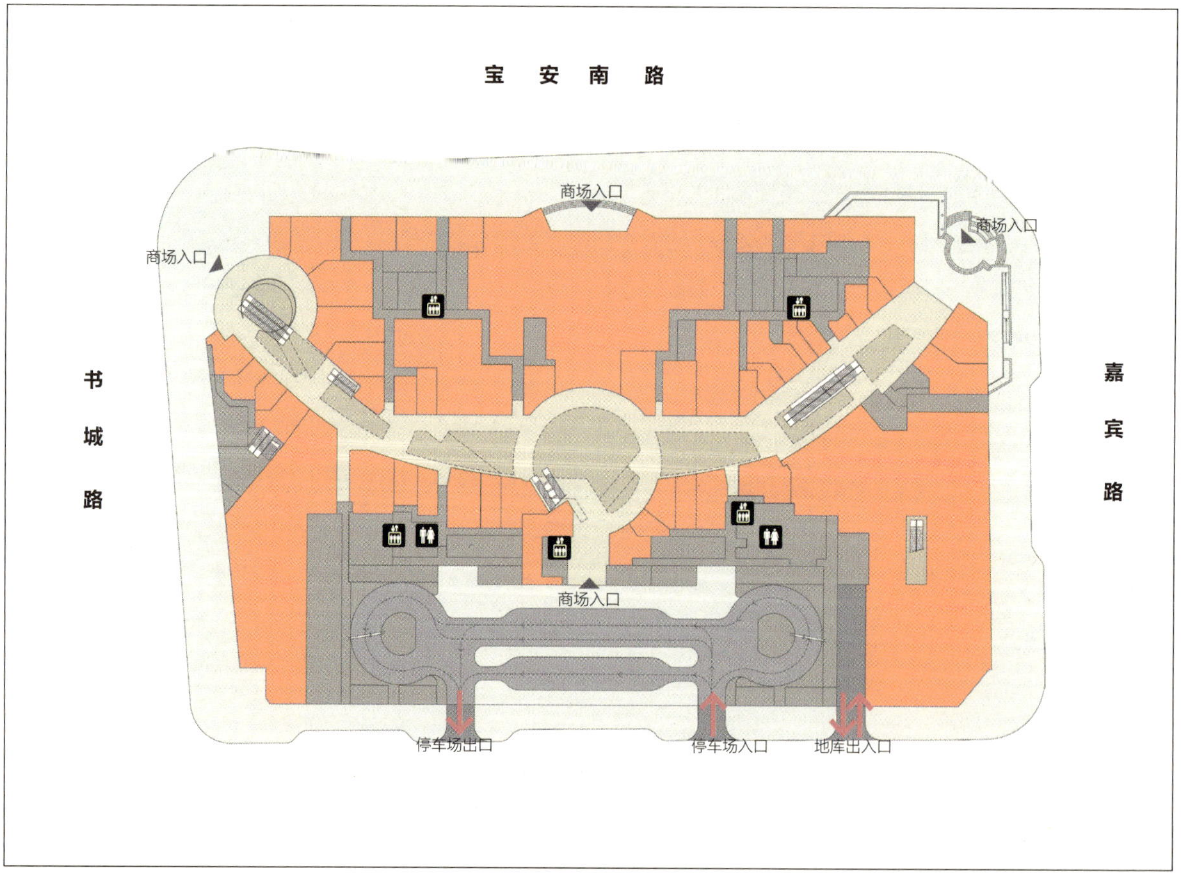

图6-3　深圳万象城

（2）网格形

网格形即为平面内有多条动线交叉布置，这种布局模式在室外商业街、百货商场及专业市场比较常见。网格形动线形式较为复杂，动线垂直交错，空间感较差，消费者在购物中容易迷路。因此在实际设计过程中，即使为多条动线，尽量也会设置一条主动线来区分不同级别的流线。

历史街区多为网格状，因此很多商业街设置成网格形多是由于其历史文化原因，由此使得设计不显得刻意，营造自然生成的效果。如上海新天地商业街，大宁国际。

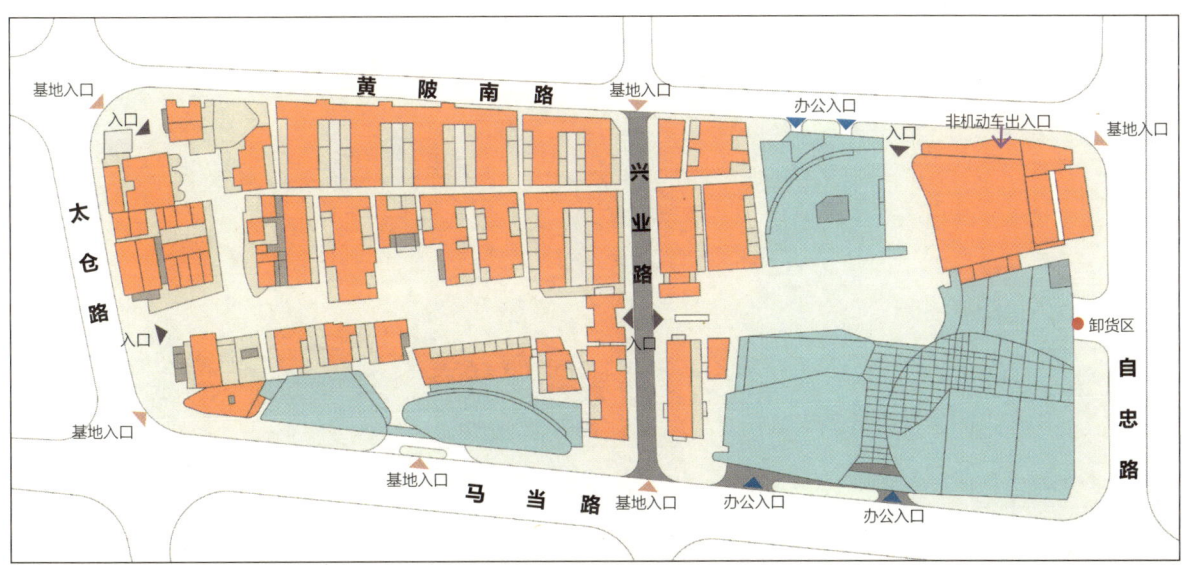

图6-4　上海新天地

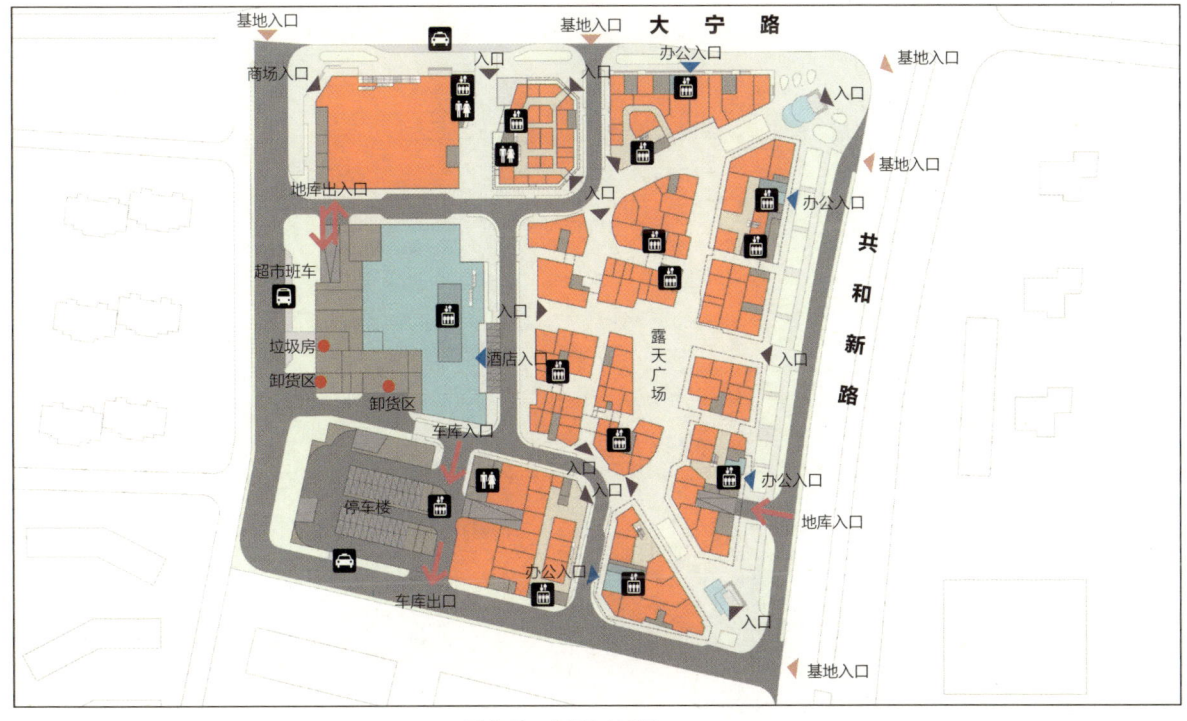

图6-5　上海大宁国际

再比如，百货会在外圈设置一条主动线，最外边为固定店铺，门面稍大些，主动线围合的中间区域则横竖交错地布置多条次动线，其大多为网格状，为不遮挡视线，产生压抑感，一般在中岛区的店铺都为开放式（一般会对其货架的高度有所限制），需要注意的是，内岛区店铺不要设墙遮挡。如上海高岛屋百货。

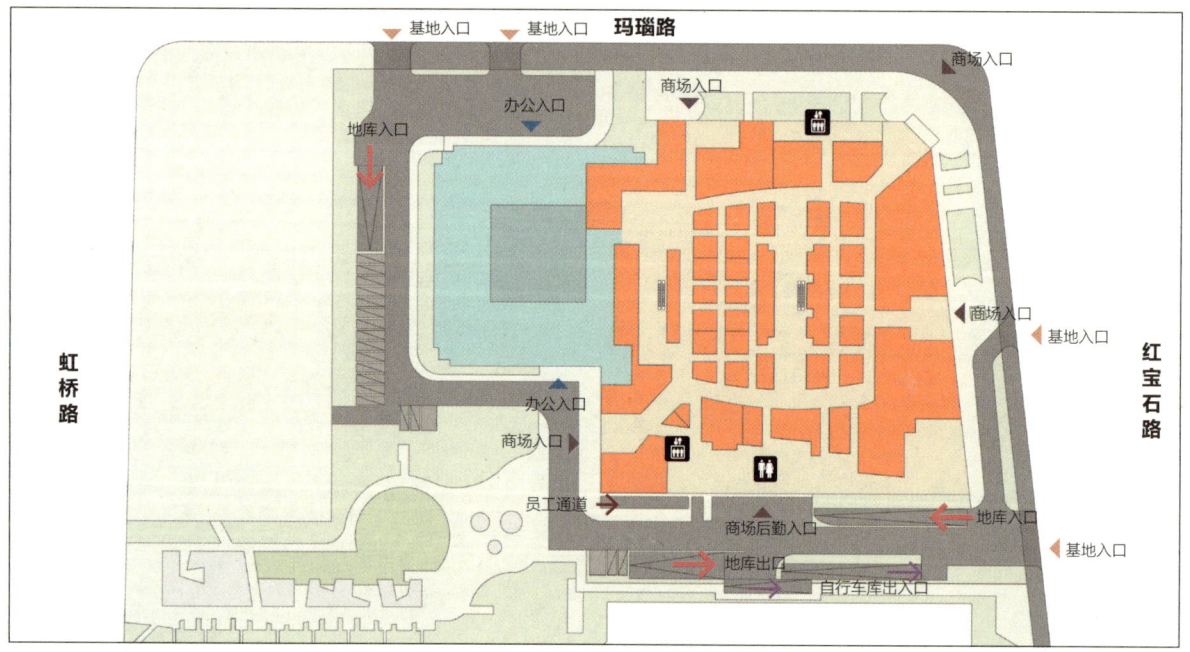

图6-6　上海高岛屋百货

专业市场都是非常小的店铺，而专业市场的规模一般都较大，为了解决此问题，专业市场多采用网格型。即使是这样，动线也是有主次之分的，主动线的道路是较宽的，且有扶梯等竖向交通系统，较新的商场会有中庭设置。如义乌国际商贸城。

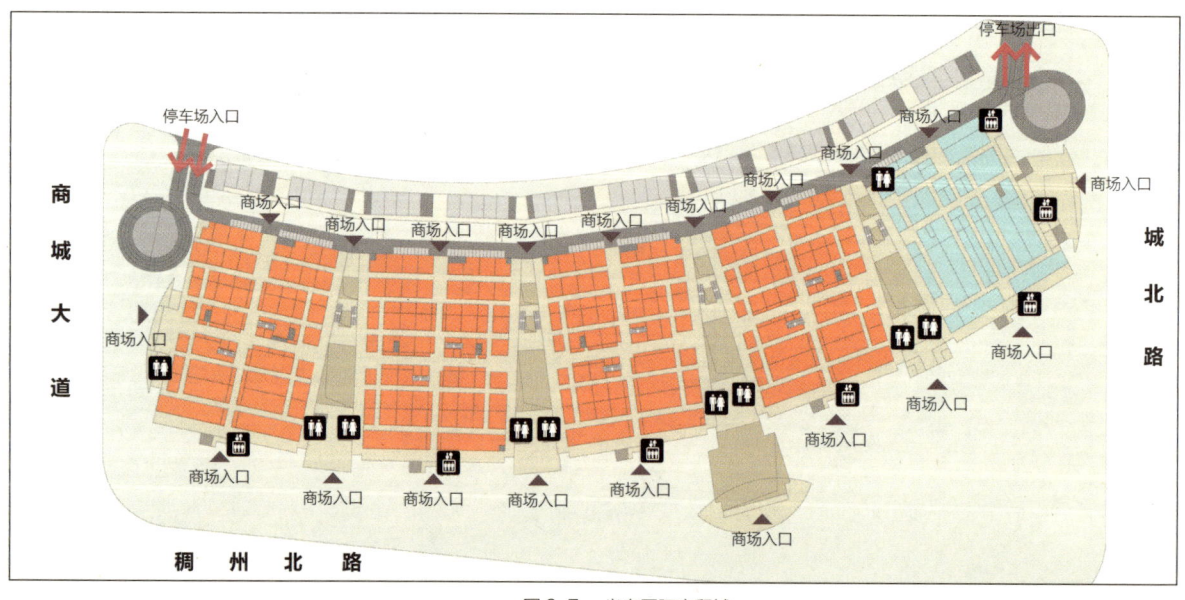

图6-7　义乌国际商贸城

　　因此网格型是特定的商业形式所需求的平面动线，一般店铺种类较多，单个店铺大小与平面大小相差较大的情况会使用此种动线。规模特别大的购物商场也会采用网格型动线，但采用网格型动线与其他类型动线结合的复合型动线较为合适，这样使得在特大型商业中不仅仅是在平面内简单布置网格，而是将大型的平面分成不同的区域和业态，从而设置不同类型的动线。同时，应加强每个区域的目的性，增加超大型的主力店，这不仅对动线有好处，也是一个强有力的吸引点。如迪拜购物中心，不同的区域有不同的主题，甚至在商场内部引进了滑雪场。

图6-8　迪拜购物中心

　　（3）环形

　　如果基地或建筑形状较为方正，无法解决大进深问题，而商业动线又希望为单动线的话，一般会设置环形动线。环形动线在购物中心中也较为常见。

　　环形动线也是一条主动线，只不过它是闭合的主动线，所有店铺均在主动线两侧，平面内流线可以循环，形式较为简单，但此种流线很容易让人迷失方向。比如在一个环形流线中逛街时，如果想回头去前面逛过的一家店的话，基本上很难判断自己的路径，或者很难意识到是在离自己目前的地方有多远的距离，是选择回头走还是继续向前，因此环形动线一般会比较浪费体力。所以环形动线设计时要注意的问题就是差异性和标志性空间设计，一是在不同的节点要设置风格不同的空间内容；二是可通过不同的装修风格来区分环形动线内部不同的区域。这样购物者在动线中就能便利地确定自己的位置和计算自己的购物路程。

　　如上海某商场：一条环形主动线串三个中庭，虽然名字上分为红中庭、蓝中庭、黄中庭，但是形状和装修风格及空间感受没有太大区别，因此人在购物时很容易搞混自己的位置，很容易转晕，如果能把三个中庭在形状、装修风格上区别开来，可能会更为有利。

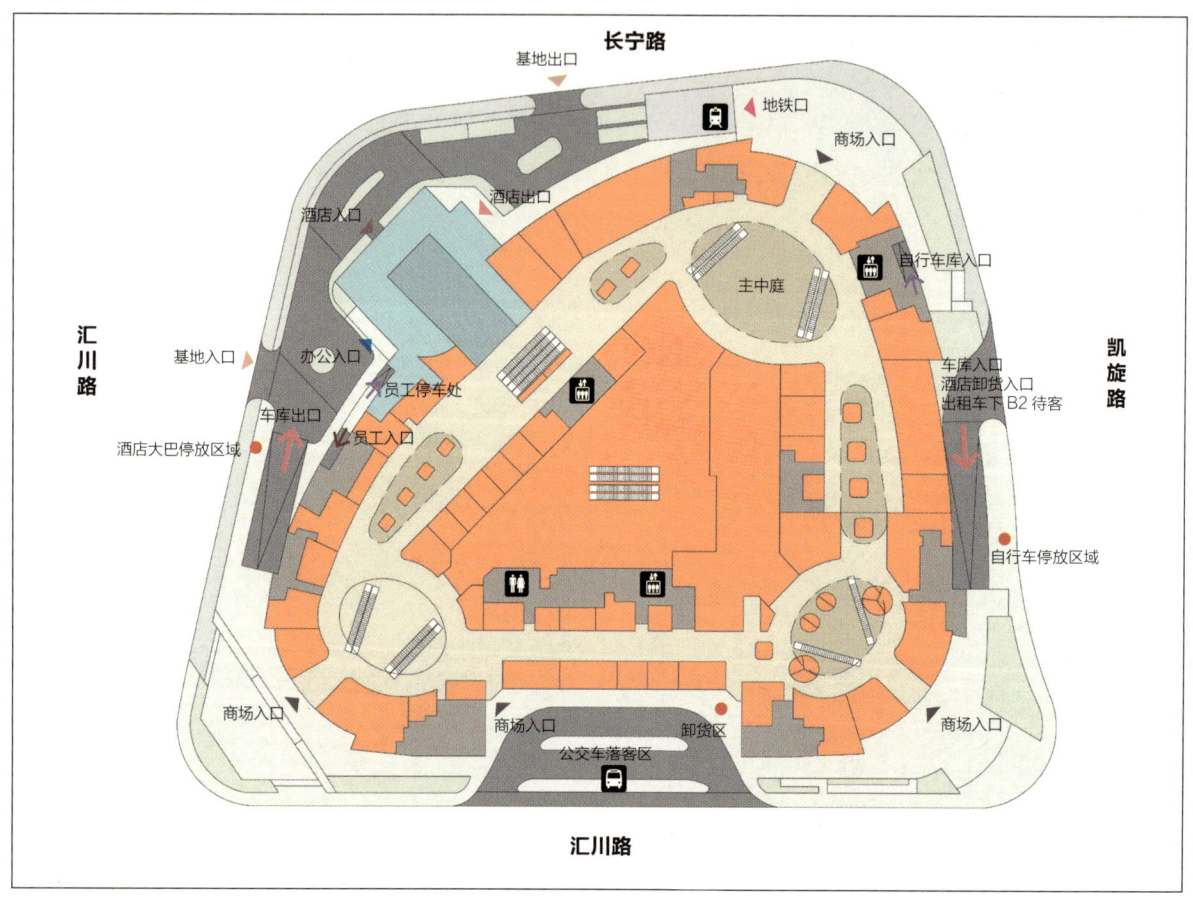

图6-9　上海某商场

（4）放射形

放射形在商业街中比较多，一般是为了吸引周边多条道路人流而设置。放射形动线的中间往往会有一个比较大的广场或中庭，最有吸引力及商业价值最高的店铺均在中间，而放射形的支路连接各个街道或路口，给人感觉四通八达，动线较为清晰。放射形动线的缺陷就是多条支动线分散了人流，而且容易走回头路。因此在设计的过程中也可设计一条主动线，那么次动线的主题可区分开来，这样的购物流线就会很明了，且省去很多浪费体力的路程。同时，不同的次动线最好有不同的业态内容。

在放射形动线设计时，有时为了减少回头率，增加回环度，会在最外圈增加一条环动线，将各个次动线串联起来。这样，环动线可能会变成主动线，而中间区域的分支则变成次动线，中间的次动线在店铺大小、业态种类等方面都可与环动线区分开来，形成自我独特的风格，中间区域可为精致小店铺或者为主力店，这样就与其他店铺区分开来，并形成强有力的向心吸引力。

分支动线本来就分散人流，如果没有较强的垂直向上力，高楼层的人流量便会更少。因此，放射形动线应注意与垂直动线的衔接，在每个节点应布有中庭和广场，同时布置有垂直交通系统。

需要强调的是，放射形动线的中间节点的设计是极为重要的，否则就会失去放射形动线的中心引力。大多旺场活动一般会在中心节点举行，很多项目也会引入各种不同的元素来使中心广场具有活力。

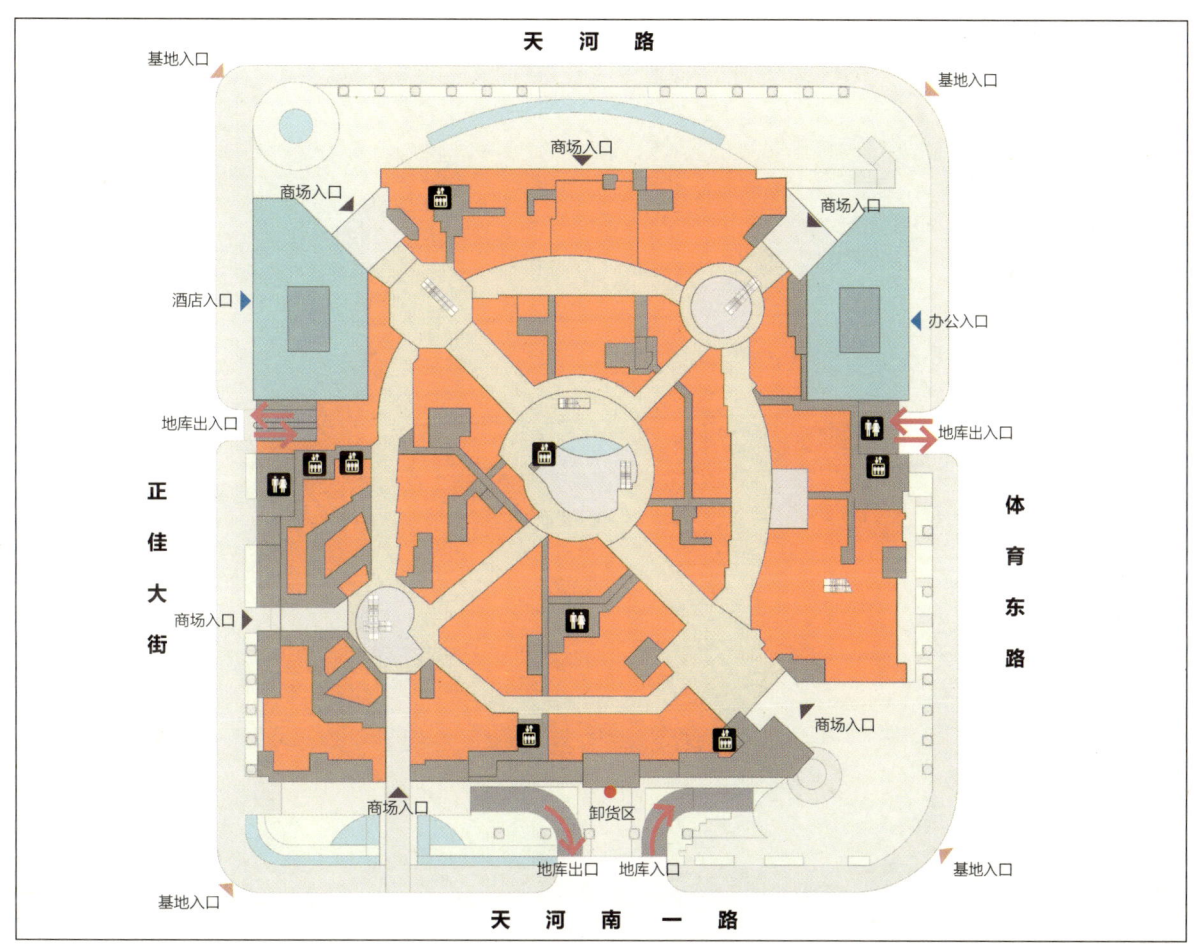

图6-10　广州正佳广场

（5）不规则形

不规则形有很多种，笔者将其列为一类，有些设置与地形有关，有些则与设计师个人经验有关，在此不做过多阐述。其中"8"字形，"T"字形是很常见的方式。

2. 平面单动线与多动线

在设计中，很多时候都会提及单动线与多动线这两个名词，而商家和设计师都知道，在商业设计中，单动线比多动线要优越，单动线能使消费者不会错过任何一个店铺，大大提高销售机会。但到底何为单动线？何为多动线？是以什么为标准的？笔者认为在一个平面内不需要做选择的，能够连贯的将所有店铺逛完的动线是单动线。这其中有三个要点：一是没有分叉路；二是不走回头路；三是没有尽端路。其他的都为多动线。

一字形动线被认为是单动线，是毋庸置疑的，那么我们同样也可认为，L形、U形、环形都为一字形的拓扑和变形，他们都在行走时没有分叉路，环形动线也算单动线。

前面已经介绍了各类动线的特点和适用情况，这节以单动线和多动线来区分，是因为笔者认为，单动线比多动线的优势要多一些，在设计时，应尽量争取做到单动线，有些条件困难的，可以结合业态实现动线组合，百货、专业市场、商业街等有其固定动线模式的除外，不用盲目追求单动线。

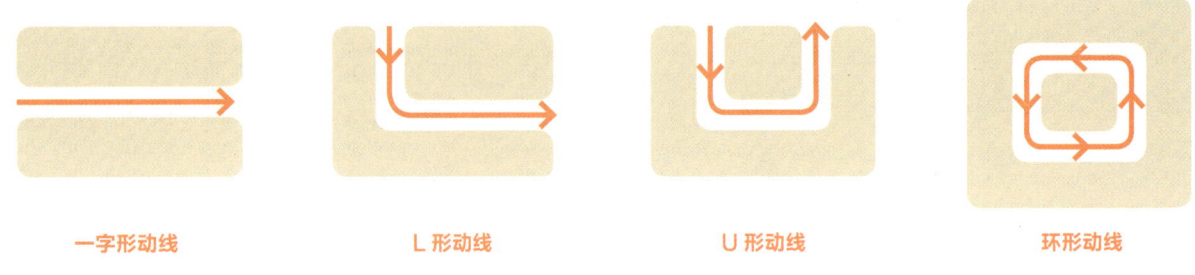

一字形动线　　　L 形动线　　　U 形动线　　　环形动线

图 6-11　单动线示意图

网格形、放射形、8 字形、T 字形等都是属于多动线，购物者在逛的过程中可能形成多样的流线选择，而未在这行动流线中的店铺可能就会丧失掉部分的消费者。

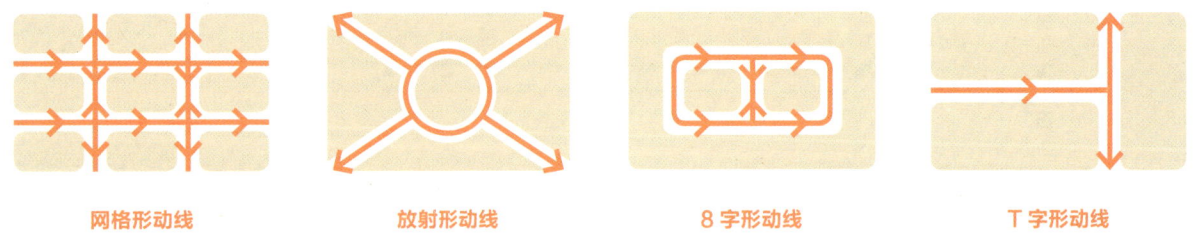

网格形动线　　　放射形动线　　　8 字形动线　　　T 字形动线

图 6-12　多动线示意图

6.2.2 店铺可见可达

人的消费行为是从动线上行走至店铺内购买，因此在动线设计完，应考虑店铺的布置。店铺应尽量多地展现给动线上行走的人，而人到达目的点也应该是便捷舒适的。

1. 店铺的可见性

店铺可见指的是在平面动线中，能有较多的店铺出现在视线范围内，这种设计的目的是通过设定开阔的视线，增加店铺销售机会。因此在动线设计中一定要避免急转、死角及遮挡这几种情况。

动线转角处其实应该是商业价值较大的地方，因为两个方向上的人流均会看到转角处的店铺。但如果是急转弯的话，那么转角的店铺就会被遮挡，就动线的连续性来说，购物者的视线也被切断。动线设计时，在转弯处要避用锐角，多使用钝角。

对店铺的遮挡多体现为柱子、垂直交通和广告。很多商业在中庭外廊一圈都设有柱子，其实这是非常挡视线的。因为柱子的存在，购物者的视线会断断续续，很多店铺精美的展陈也无法很好地呈现出来。垂直交通遮挡也是案例中很常出现的情况，扶梯和电梯都难以避免地会遮挡一部分视线，在设计中可做到尽量少的遮挡。如平行布置的扶梯比交叉布置的扶梯通透，中庭的垂直电梯如采用通透的玻璃，效果会好一些。其实人流量较多的商业中，中庭的电梯数量如果不够多的话，其运行效率是十分有限的，电梯口也容易形成人流拥堵，而在中庭设置多台电梯，又过于遮挡视线，并且不利于人流在各层间的连续流动。因此，中庭设置电梯并不是特别有利的选择，在设计时，应酌情考虑。除此以外，由于商业中广告的数量也非常多，在广告设立时，也要在广告的可视性和遮挡性中取得一个平衡。

图 6-13　上海某项目一

图 6-14　上海某项目二

图 6-15　上海某项目三

图 6-16　上海某项目四

2. 店铺的可达性

满足了店铺的可见性之外，还应该做到较好的可达性。很多店铺虽然视线开敞，容易看见，但如果到达店铺过于绕行或者路程过长，那么消费者也许会因此失去兴趣或动力，因此店铺可达性也非常重要。

一般影响店铺可达性的有两个因素：一是动线尺度过长，顾客抵达目标商铺的路程太远；二是中庭镂空的阻挡，中庭镂空的设置是为了营造更好的购物环境，同时也限定了人流的路径，因此在间隔合适的距离一定要设置跨越中庭的连廊。

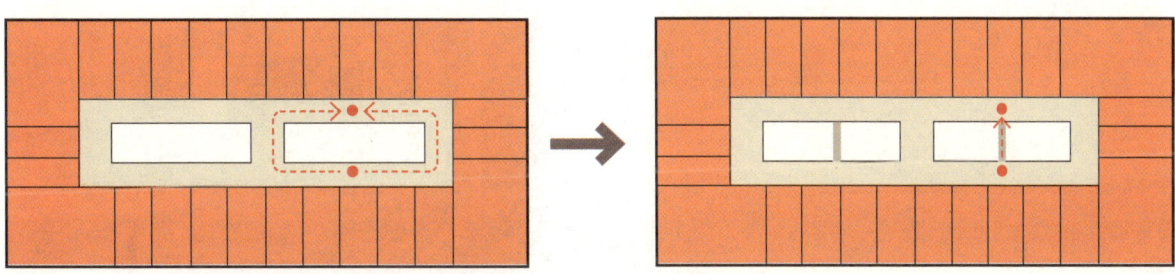

图 6-17　动线分析

6.2.3 形态宜曲忌直

曲线形动线不仅让人感觉更加柔和自然，在购物环境里也有离心曲率作用，它能鼓励人继续前行，而且比起直线形动线来说，曲线形动线能使商铺更容易进入动线中人流的视线内，如图所示。

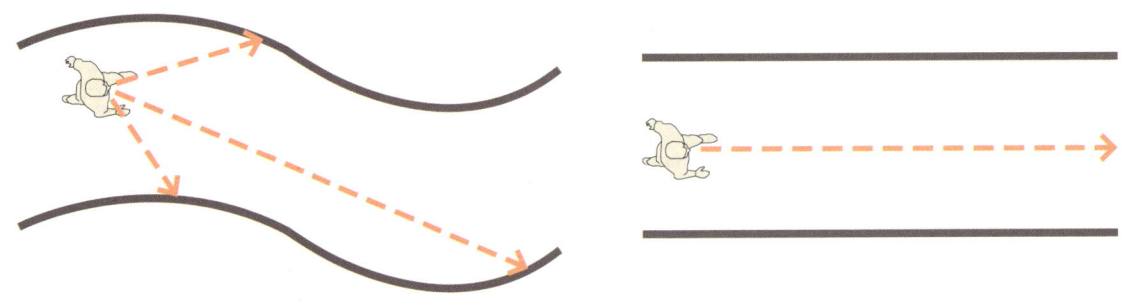

图6-18 商业通道弧形动线及直线形动线视角图

事实上，不可忽视的是，在一定平面范围内，曲线比直线的路线更长，使得沿街界面增大，延长了动线，增加临动线的店铺面积。

6.2.4 避免尽端动线

对于商业而言，每一家商铺都希望商业内的每一股人流都经过自己的店铺，这样才能生意兴隆，因此商业要尽量避免尽端动线。一般尽端动线的店铺都很难运营及生存。如上海某商业街的尽端动线的店铺，生意冷清，面临关门的局面。

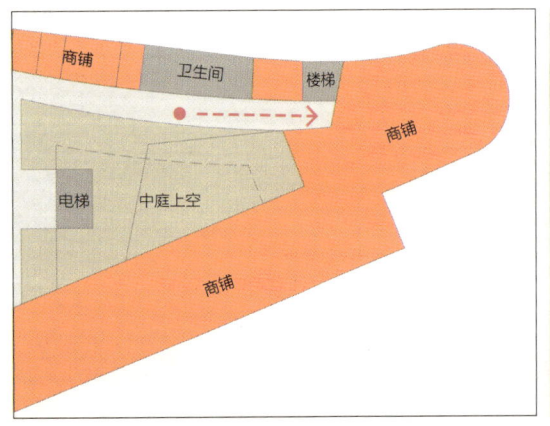

图6-19 上海某商业街二层局部

6.2.5 动线的尺度设计

1. 动线长度

一般来说，400m 是商业动线长度的极限，超过此距离，人无论在心理感觉上，还是在实际步行中都会感觉非常疲累。因此，动线长度一般不超过该数值。事实上，动线长度超过 300m 以后，消费者的热情会有所降低，因此最好在一定距离便设置商业休息及活动空间来进行过渡和调节。

2. 动线宽度

主动线的宽度与商业的档次、空间层数和高度有关，与店铺之间距离也有关。购物中心中的主动线宽度一般由步行通道和中间镂空两部分组成。购物中心的步行通道一般为 4m 左右，过小则不够开敞舒适，过大会使购物者无法从一个楼层看到其他楼层的招牌。并且步行道在结构上出挑太多，造价相应增加，梁会加高，步行道下净高会减小。

镂空的大小与购物环境舒适度和消防都有关。从购物环境舒适度方面，大型购物中心镂空一般为 6m~12m；从消防方面，有顶盖步行街，其步行街需兼消防疏散作用，镂空大小不应小于 9m。镂空的大小与楼层视线也有关，它与上述的步行道的宽度共同决定商业内空间视线。因此大多数带镂空的总动线宽度为 14m~20m 左右。很多项目为了提高首层的得铺率，会将一层店铺突出到镂空边缘。

动线宽度不能过小，也不可做得过大。动线宽度过大会导致动线间店铺过远，不利于购物流线，且会增加商业的公共走道面积，降低商业得铺率；动线宽度过小会使空间显得较为局促。

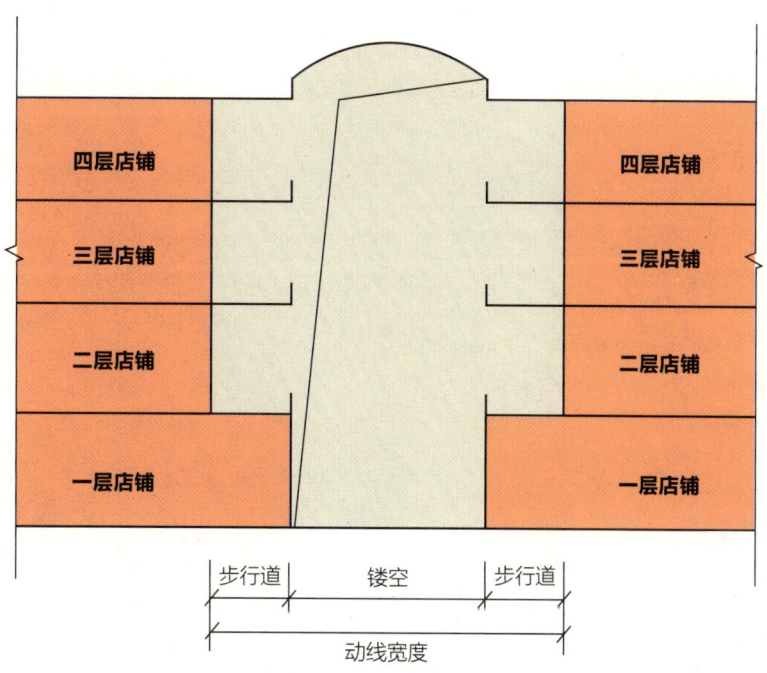

图 6-20　中庭剖面示意图

6.3
垂直动线设计

　　垂直动线是通过扶梯、电梯、平板梯、楼梯、坡道等将商业人流进行跨层疏导的动线。垂直动线是竖向的动线，该动线设计合理，能将人流有力地导入到每一个商业平面。如果设计不佳，可能会造成高楼层及地下层的可达性差，影响商业价值。

　　另外，货梯是给后勤流线提供跨层服务的垂直交通工具，也需根据距离合理设置。

6.3.1　自动扶梯

　　库哈斯在其主编的《哈佛设计学院购物指南》一书中，不仅指出，"空调使得 MALL 这种室内购物街成为可能"，也强调了"自动扶梯不间断地运作，将消费者输送向商品，激活了商业空间的效能"。毋庸置疑，自动扶梯是商业购物空间最常用的一个垂直交通形式，它消除了商业空间的层间障碍，将各个楼层联成一体。在商业中，商家更希望消费者通过自动扶梯来进行上下层移动，通过扶梯来引导人流比直梯更有商业价值，因为消费者在每层停留的时间更多，消费机会自然也更多。

1. 扶梯设置距离

　　一般地，一组扶梯的辐射半径不应超过 50m，距离太远不利于垂直人流的疏导。

2. 扶梯布置方式

　　（1）平行布置：在平面上，每层的扶梯是在同一位置，并且同一位置的扶梯在不同楼层方向相同，竖向来看，每层的扶梯是平行的。这种方式通透性相对较好，可相对减少扶梯对店铺的遮挡。但在转换楼层时，需围绕扶梯行走半圈。这种方式竖向转换没那么方便，但是通过围绕行走可增加扶梯周围店铺的销售机会。

　　（2）交叉布置：在平面上，每层的扶梯在同一位置，同一位置的扶梯在不同楼层方向相反，竖向来看，每层扶梯是交叉的。这样的一组扶梯通透性就没有平行布置好，但顾客在楼层转换的时候，不需要围绕扶梯组行走就可直接连续地进行上下转换。这种方式的竖向转换十分方便，效率很高，顾客觉得更为方便快捷。

（3）自由布置：在平面上每层扶梯的位置不在同一位置，顾客需要在平层行走一定距离（该距离也可以非常短，可形成连续上下的布置效果）才能到达下一组扶梯。自由布置的扶梯可在一个中庭内，也可不在一个中庭内，方向可以为一个方向也可以为不同方向。扶梯作为垂直交通流线的主要载体，自然会聚集较多的人流，因此扶梯周围的店铺价值一般都较高。这种设置方式，延长了扶梯对商业支持的界面，增大平层商业店铺的价值。但即使这样，扶梯设置也不可太绕，行走流线不可太长，如果扶梯太不便利，消费者反倒不会去乘坐，反而起到了适得其反的效果，影响商业氛围。因此在一般情况下，扶梯进行楼层转换的步行距离最好不要超过 30m。

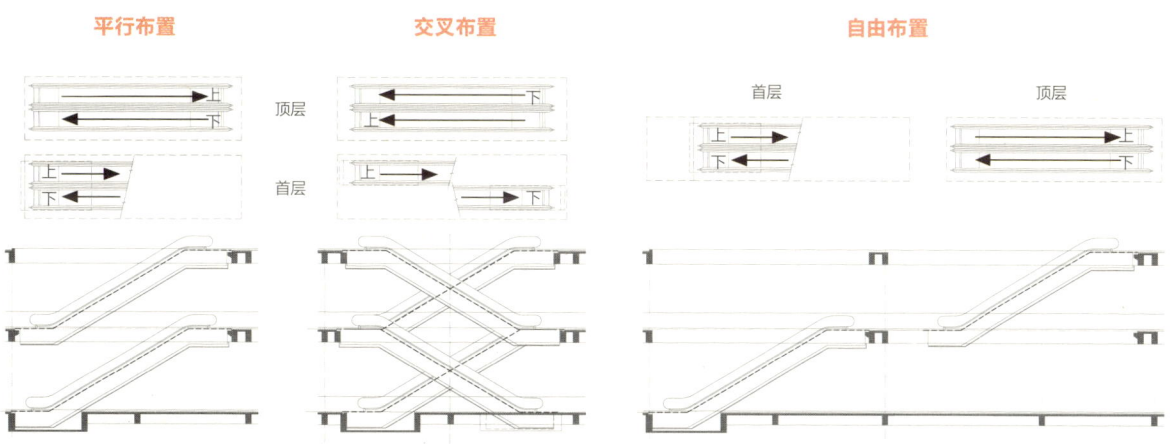

图 6-21　扶梯布置方式示意图

3. 飞天梯

在商业建筑中，楼层越高，意味着垂直流线越长，顾客到达就越不便利，商业价值也越低。因此，为了解决高楼层商业到达难的这一问题，很多商业会通过设置飞天梯来进行快速跨层转换，以使顾客较为便利快捷地到达高楼层，提高高楼层的商业价值。如上海中山公园龙之梦、上海恒基名人购物中心、上海 IAPM、上海大悦城。

图 6-22　上海中山公园龙之梦

图 6-23　上海恒基名人购物中心

图 6-24   上海 IAPM

图 6-25   上海大悦城

4. 商业自动扶梯技术规格

自动扶梯的净宽度有 1.0m、0.8m、0.6m 三种，商业的扶梯角度不可超过 30°。

6.3.2 垂直电梯

垂直电梯（此处为垂直客梯）也是商业中必不可少的垂直动线的载体。扶梯虽然为主要运载商业人流的载体，但垂直电梯的目的性、直达性和便利性是扶梯无法相比的，而商业的高楼层又往往有目的性较强的主力店，如影院、餐饮、运动休闲等，特别是影院业态对时效有很高要求，因此间隔一定距离需布置垂直电梯。

1. 垂直电梯设置距离

垂直电梯以组为单位，每组的辐射半径不应超过 75m，一般以 50m 左右为佳。

2. 垂直电梯布置位置

垂直电梯需布置在中庭、主力店等人流量比较大的区域的旁边，平面位置应该较均匀。

3. 垂直电梯布置方式

（1）在主动线旁边以电梯厅的方式布置。这种方式占用商铺，但对中庭无遮挡。

（2）在中庭内设景观电梯，这种方式会对中庭和电梯后的店铺有一定遮挡，但是较为醒目，也可以结合广告电子屏设置。

4. 商业电梯技术规格

商场中客用电梯的吨数以 1.6t 为多。

6.3.3　自动坡道式扶梯

自动坡道式扶梯也属于自动扶梯的一种，但是因其没有台阶，以坡道的形式体现，能适用于手推车，多用于超市功能的垂直连接。

垂直交通设置分析　　　　　　　　　　　　　　　　　　　　　　　　　表6-1

项目	商业建筑面积（m²）	货用电梯（部）	客用电梯（部）	标准层平面扶梯数（组）
IAPM 环贸广场	12.0 万	10	20	5
		1.20 万㎡/货梯	0.60 万㎡/客梯	
静安嘉里中心	8.6 万	13	9	5
		0.66 万㎡/货梯	0.96 万㎡/客梯	
正大乐城	5.5 万	6	6	7
		0.92 万㎡/货梯	0.92 万㎡/客梯	
中山公园龙之梦	22.0 万	9	7	4
		2.44 万㎡/货梯	3.14 万㎡/客梯	
虹桥南丰城	11.0 万	5	6	4
		2.20 万㎡/货梯	1.83 万㎡/客梯	
国金中心	10.0 万	7	14	3
		1.43 万㎡/货梯	0.71 万㎡/客梯	
浦东嘉里城	4.5 万	5	6	4
		0.90 万㎡/货梯	0.75 万㎡/客梯	
环球港	32.0 万	16	9	7
		2.00 万㎡/货梯	3.56 万㎡/客梯	
大丸百货	6.0 万	2	6	2
		3.00 万㎡/货梯	1.00 万㎡/客梯	
尚嘉中心	4.9 万	5	5	2
		0.98 万㎡/货梯	0.98 万㎡/客梯	
平均值		1.57 万㎡/货梯	1.45 万㎡/客梯	

6.3.4　垂直动线设计要点

1. 垂直交通的设置应与水平流线节点紧密结合，并尽量做到均匀布置，其选择的位置也需"显而易见"。

2. 垂直交通区域是商业空间中人流比较集中的地方，应利用此特点结合广告布置，提高商业价值。

3. 在建筑平面设置垂直交通时，一定要注意人流的引导和流向，尽量多让人流经过店铺，特别要注意端头店铺的不利性，结合扶梯的方向，可将人流引入端头店铺。

4. 为了提高垂直交通的引力，应在高楼层或地下楼层设置有很强吸引力的主力店，拉动竖向人流。

6.4
中庭设计

在购物中心中，中庭作为动线的节点而存在，它不仅让购物者在较长的动线上获得舒缓和休憩，也是购物场所的重要记忆点，能使人在商业空间内辨别自己的位置。与此同时，中庭承担着举办活动、活跃氛围的角色，因此对中庭的设计应该格外花心思。

6.4.1 中庭的设置原理

1. 在设置中庭时，一定要把握一个原则，即它是主动线上的节点，因此中庭不能偏离主动线，否则会失去其价值。

2. 对于较大的购物中心，为了让人一进入商场就能体验舒服愉悦的空间，并被浓郁的商业氛围感染，一般在购物中心主动线两端，也就是接近主入口处会设置两个中庭。这样设置有很多好处：

（1）可以举行商业活动，吸引人流进入。

（2）可以让消费者感受舒适动人的建筑空间。

（3）在中庭设置扶梯或观光电梯，可以将人流方便地导入到高楼层，提升高楼层的商业价值。

3. 除两端的中庭外，一般会在购物中心的中间位置设置一个最大的主中庭，平时商场的主要活动均在此举办。主中庭设置在购物中心中央的好处是可将人流往内部牵引。另外，有些商场也会在动线转折处设置两个主中庭。

4. 除了这些大中庭空间，可在它们之间结合动线布置一些小的中庭，使各层的商业人流形成交流。

6.4.2 中庭的尺度设计

购物中心中庭的大小是根据建筑的层数、动线的宽度及商业的档次来设定的。中庭的尺度过大会减弱商业氛围，尺度过小又显得局促。中庭大小还跟未来运营时期望要举办什么类型的活动有关，展览类公共活动要求面积较大，促销类活动要求面积较小。

其实商业运营的成本也是非常高的，这个成本之一就是空调费，那么中庭越大，能耗自然也越大，空调费也就越高，因此在设置中庭时，应该结合多方面因素整体考虑。但笔者不在这个方面做统一的定论，因为各个案例有不同的因素，下面笔者通过案例对比来进行分析，希望能在一个横向对比的过程中形成认识。

大中庭案例　　　　　　　　　　　　　　　　　　表 6- 2

项目	商业建筑面积（m²）	层数	大中庭尺寸	中庭面积（m²）
IAPM 环茂广场	12 万	地上 6 层	42m 长	710
		地下 2 层	20m 宽	
港汇广场	13 万	地上 6 层	42m 长	820
		地下 1 层	25m 宽	
中山公园龙之梦	22 万	地上 9 层	35/26/24m 长	650/410/330
		地下 2 层	24/20/18m 宽	
虹桥南丰城	11 万	地上 7 层	36m 长	670
		地下 1 层	22m 宽	
国金中心	10 万	地上 4 层	43m 长	850
		地下 2 层	26m 宽	
环球港	32 万	地上 4 层	32/42/32m 长	820/820/680
		地下 2 层	32/20/25m 宽	
恒隆广场	5.5 万	地上 5 层	50/16m 长	750/190
		地下 1 层	24/16m 宽	

小中庭案例　　　　　　　　　　　　　　　　　　表 6- 3

项目	商业建筑面积（m²）	层数	小中庭尺寸	中庭面积（m²）
IAPM 环茂广场	12 万	地上 6 层	30m 长	240
		地下 2 层	8m 宽	
港汇广场	13 万	地上 6 层	30m 长	290
		地下 1 层	10m 宽	
中山公园龙之梦	22 万	地上 9 层	33m 长	230
		地下 2 层	7.5m 宽	
虹桥南丰城	11 万	地上 7 层	27m 长	250
		地下 1 层	12m 宽	
国金中心	10 万	地上 4 层	27m 长	410
		地下 2 层	18m 宽	

续表

项目	商业建筑面积（m²）	层数	小中庭尺寸	中庭面积（m²）
环球港	32万	地上4层	19m长	95
		地下2层	5m宽	
恒隆广场	5.5万	地上5层	20m长	120
		地下1层	6m宽	

6.4.3　中庭的内容

中庭不仅作为垂直交通的重要部分存在，而且也作为人流交汇及休息的空间存在。而在商业空间中，中庭如果仅起到这些功能性作用，就失去了商业的活力与价值，因此在中庭内会举行多种多样的活动来活跃商业氛围。

1. 商业交易活动

商业交易活动指在中庭内举行销售类活动，需消费者消费的活动，包括举行品牌促销活动、设置活动店铺、设置儿童活动乐园等，总之，这类活动都是消费者需要消费交易的。

2. 文化文娱活动

很多商场会将电视、电影、魔术、文艺等节目的表演或选拔活动引入到商场中庭内（或者在该中庭模仿类似的活动），如南丰城的小萝莉选拔大赛等。

图6-26　上海南丰城中庭

3. 宣传推广活动

某些品牌的活动推广、走秀，稍大型的如车展等展览类活动都可算是宣传推广活动（如果预计商场将来有此类活动，应注意商场至少预留一个入口具备足够的展品进出宽度和高度，如汽车的进出口），消费者虽然在这种活动过程中没有消费，但是商场可通过收取场地租赁费来获得价值，且可聚集商业人气。

4. 氛围营造活动

需要注意的是，平常很多时候，商场并非能时时刻刻举办有实际内容的活动，但是中庭的体验氛围却不可忽视。因此好的商业环境应在平时也注重中庭的布置，特别是在节假日的时候，可根据不同的假日和主题来进行布置，活跃中庭氛围。比如万圣节、圣诞节、儿童节、妇女节等，商场都会根据其特定主题内容进行中庭布置。如港汇广场的万圣节主题布置。即便在没有节日的时候，也可以进行一些固定的装饰性中庭布置，如无锡万象城平时就在其中庭及动线内布置不同彩绘图案的大象。

图6-27　上海港汇广场中庭

6.4.4 中庭的顶盖

中庭除了有非常宜人的空间以外，在其上空设置特色的玻璃顶盖也成了目前购物中心设计的一大亮点。在中庭上空设置透明顶盖不仅能使得室内外空间相互渗透，让消费者感觉舒畅愉悦，还能增加自然采光，减少照明的用电量，节能环保。另外，从消费者心理来讲，中庭顶盖的通透性能提升人往上走的欲望，因此也能提升高楼层商业的价值。但需要注意的是，中庭的顶盖模式会受中庭消防模式影响，这个会在后面消防篇中说明。

图 6-28　上海尚嘉中心

图 6-29　上海金山万达

6.4.5 中庭的风格

前文所述，中庭具有定义位置的功能，因此雷同的中庭会让人迷失方向。除此之外，从购物空间环境上来说，如果一个购物中心的每个中庭都一样，给人的感觉肯定很乏味。但如果在建筑风格、空间形态和装修风格上别具匠心，进行差异化设计，那么购物中心的体验性和趣味性就会更好。

图 6-31　上海恒基名人广场

图 6-30　上海环球港

图 6-32　上海南丰城

图 6-33　上海悦达 889

6.5 卫生间布置

在大的布置原则上，商业建筑的卫生间一般隔一定距离集中设置。事实上，商场的卫生间也体现着商业的级别、档次、风格、品位、服务态度及管理能力。因此，但凡优秀的商场，其卫生间的空间和设备的体验也是十分美好的。

6.5.1 卫生间的数量

卫生间的数量跟商业的单层面积和平面服务半径有关，最少的可为 1 组，而多的会有 3 组及以上。卫生间数量与单层面积的关系：

单层面积 0.4 万 m²~0.8 万 m²，卫生间设置一组；

单层面积 0.8 万 m²~1.5 万 m²，卫生间设置二组；

单层面积 1.5 万 m²~3.0 万 m²，卫生间设置三组及以上。

因为每个商业的平面轮廓差别很大，有些单层面积不大的商业，动线却比较长，也许设置一组卫生间就并不一定合适了，因此卫生间的数量设置还与服务半径相关，一般卫生间服务半径为 50m~60m。卫生间洁具的数量可根据《城市公共厕所设计标准》来进行设计。

卫生间设置案例　　　　　　　　　　　　　　　　　　表 6- 4

项目	商业建筑面积（m²）	单层卫生间组数（组）	卫生间总组数（组）	单组卫生间服务面积（万 m²/ 组）
IAPM 环贸	12 万	2	13	0.92
静安嘉里中心	8.6 万	4	16	0.54

续表

项目	商业建筑面积（m²）	单层卫生间组数（组）	卫生间总组数（组）	单组卫生间服务面积（万 m²/组）
港汇广场	13万	3	19	0.68
中山公园龙之梦	22万	3	26	0.85
虹桥南丰城	11万	3	16	0.69
国金中心	10万	3	15	0.67
晶品购物中心	7.3万	2	13	0.56
月星环球港	32万	3	16	2
大悦城	23.1万	3	21	1.1
恒隆广场	5.5万	2	5	1.1
平均值				0.91

6.5.2 卫生间的内容

现代的商业建筑除了设置男女卫生间外，其他的如无障碍卫生间、母婴室等也要考虑周全，吸烟室通常也会与卫生间综合设置在一起。这些辅助功能的设置体现了商业空间真正人性化的服务态度，让人感觉舒适方便。就数量来说，整栋商场至少有一个无障碍卫生间，规模较大的商场，无障碍卫生间、母婴室和吸烟室最好在每层均有设置。

商业卫生间如果需打造得完美，在许多细节应尤为注意：

1. 商业的女性客户较多，女洗手间的蹲位数应较多，女洗手间一般会比男洗手间大。

2. 每个洗手间应有专人专岗，做到随时保持卫生间的干净整洁，并保持优质的服务。

3. 在感官设计上应注意卫生间的品位，标识宜区分，室内设计要注重品质，同时空调、热水等设施也应完备，灯光设计得合理优美，有些还会在卫生间运用香气输出。

4. 卫生间的洗手台、蹲位空间和小便池等的尺度应适宜。

5. 可在卫生间外设置等候区，体现人性化设计。

6.5.3 卫生间的位置

卫生间的位置一般不会紧邻商业的主通道，它通常通过后勤辅助通道连接，这样可以留出更多的商业展示面给店铺。

6.6
后勤流线设计

6.6.1 后勤水平流线

后勤水平流线的主要体现方式为后勤走道。后勤走道一般布置在店铺的后面，连接店铺后勤区、设备用房、货用电梯、库房、卫生间等功能。与此同时，很多商业的后勤走道扮演着疏散通道的作用，作为疏散通道的后勤走道又连接着消防电梯、疏散楼梯等。地上后勤流线设置原则：

1. 后勤走道设置应尽量隐蔽，与商业流线完全分离。

2. 后勤走道要简洁明了，尽量少占面积，以便减少商业公摊。后勤功能房间应紧邻后勤走道紧密布置。

3. 后勤走道布置形式可连续可断开，根据商业的不同需求设置。连续的后勤走道占用面积较大，会对店铺外立面开窗有所影响，但所需的货梯相对较少；断开的后勤走道恰好相反。

4. 注意后勤走道与员工走道的结合。

地下后勤流线设置原则：

1. 地下后勤流线应注意净高，预留好货车净高。

2. 地下后勤流线尽量减少与客运流线的交叉，应简短便捷。

6.6.2 后勤垂直流线

货梯作为后勤流线的垂直交通非常重要，货梯的有效设置可减短后勤流线，提高后勤服务的便利性。

货梯设置原则：

1. 商场内货梯吨数以 2t 较多，有些需运载大型货物的可能会到 3t。

2. 商场如有消防电梯设置要求，货梯应尽量兼作消防电梯。

3. 货梯在后勤走道的布点应较为均匀，离每个店铺的距离都不太远，货梯服务半径最好也不要超过75m。

4. 货梯尽量靠近餐饮店铺，餐饮店铺的湿垃圾味道较大，减小货梯与餐饮后勤的距离，有利于餐厨垃圾迅速转移，不影响其他店铺。

5. 货梯在地下应临近垃圾房，减小垃圾对地下流线的影响。

6. 货梯应靠近卸货区，有利于货物垂直运送的快捷性。

7. 单个货梯效率较低，货梯最好成组布置。

8. 货梯形状以进深偏大较好，有利于手推车及货物在货梯内的装载。

6.6.3　卸货区、仓储区

商业建筑必须设置卸货区。卸货区有些设置在地下，有些设置在地面的商业后勤面。

卸货区设置原则：

1. 每万平方米商业需 $25m^2 \sim 30m^2$ 的卸货区。

2. 卸货区的卸货平台有两种方式，一种为平入式，一种为下嵌式，平台宽度不小于3m。

3. 有些主力店会要求单独设置卸货区或划分卸货平台区域，或者需预留单独的卸货车位，如超市。

4. 卸货区旁会设置收发室等管理用房。

5. 卸货区旁需设置用于送货的垂直货梯。

6. 卸货区与垃圾房应较近布置以减短后勤流线，又应相互分离，做到洁污分流。

7. 酒店的客房卸货与厨房卸货一般会分开，而有些特别的花卉等过敏货品也会单独分开。

商业建筑一般会要求设置专门的仓储用房，特别是满足主力店的仓储需求。仓储用房一般设置于商业价值最低的位置。同时仓储用房与营业厅应有较便捷的联系，可通过后勤走道和货梯进行联系。仓储区设计时一定要注意消防要求。

6.6.4　垃圾房

商业建筑不同于其他建筑，特别是有餐饮的商业，会产生大量的湿垃圾，因此在商业建筑内应分别设置干湿垃圾房。

垃圾房设置原则：

1. 垃圾房如果在地下布置，尽量靠近地下车库出入口，减小垃圾车在地下运行的时间。如果在地面设置，应较为隐蔽，可布置在商业的背立面，且靠近后勤车行出入口，使垃圾车尽量减少与客流车的交叉。

2. 干湿垃圾应分离，如果垃圾房在地下布置，需了解清楚市政垃圾车是否会下地库回收，并询问市政垃圾车的大小，以便设计时能考虑好垃圾车的运行流线并预留好净高。

3. 要注意湿垃圾房的排水、换气等设置的技术要求。

6.7
停车库建筑设计

商业停车配套的重要性已经提起多次，而停车场及停车库设计实为商业设计的重点难点。停车场及停车库设计的合理，能有效节约空间成本，实现以较小的面积实现较多的停车，能更多地节约资源。同时停车库还应结合后期管理进行设计，这样才能做到后期运行通畅，也能减少管理人员的投入。如何设计合理高效的停车库，需要注意以下几个方面。

6.7.1 停车位尺寸及柱网确定

柱网的设计不仅与地上功能相关，停车指标的经济性对其也有较大影响。一般柱网的一跨会停三辆车，理论上能做到的最小柱跨为8.1m，但在实际情况中，因为柱子大小问题，车的大小问题，车与柱之间的预留空间问题，8.1m的柱网在某些时候显得局促，因此大多数项目以8.4m的为多，也有因地上建筑功能要求做到9m的。

6.7.2 停车库车行流线设计

1. 停车库主动线设计

在设计车库流线的时候，第一要确定的是车库主动线，主动线即其大结构，大结构清晰明了，才能做到较高的停车效率。

（1）车库主动线的方向：

以车库出入口为例，中国的驾驶习惯是靠右行驶，因此车库口为右进左出，车辆从车库口进入地库主动线后，只有逆时针循环才能做到出入的车辆互不交叉，如图所示。

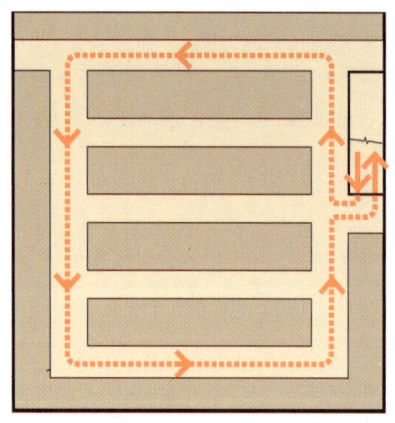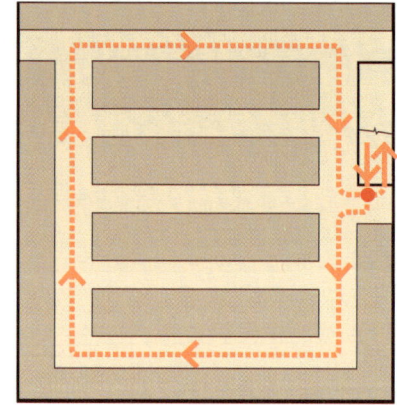

图 6-34   车库主动线方向分析

（2）主动线的数量及尺度：

如果车库平面很大，照理就不能只设置一条主动线，因为主动线过大会导致车行流线加长，影响停车效率。因此在车库平面比较大的情况下，可设置多条主动线。那么主动线的大小以怎样的尺度较为合适呢？事实上，当车辆在主动线上行驶寻找车位时，如果靠司机的视线寻找，能看到主车道旁最多 6 个车位，即 2 跨的距离，由此推测，主车道之间最好为 4 个跨距，如图所示。如果寻找停车位是靠电子提示，那么主动线间的车道即停车道就可以不受限制，这样有利于节约车道面积。

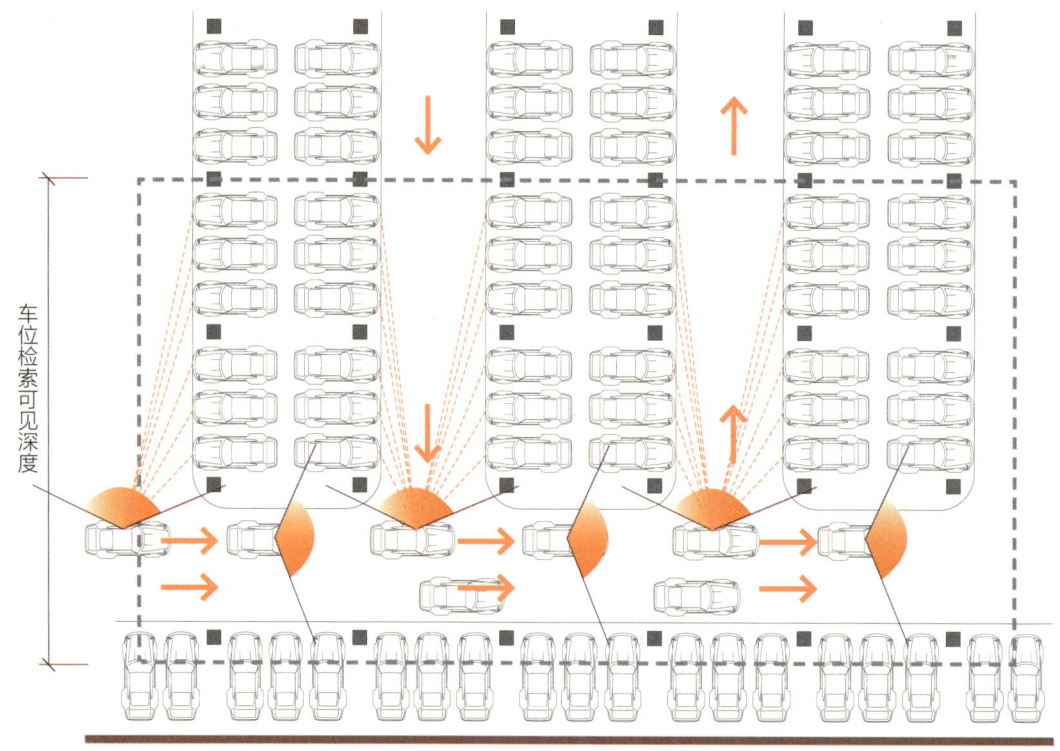

图 6-35   行车视野的车位检索过程

2. 车库动线的行车道

尽量将车库的行车道设计成单方向行驶，行车道如为双向行驶，会在很多地方遇到迎面而来的车，车行动线会出现很多交叉点，特别是在转弯处，非常不安全，这样不仅限制了车行的速度，驾驶员的体验和车库的效率都不理想。如图所示。

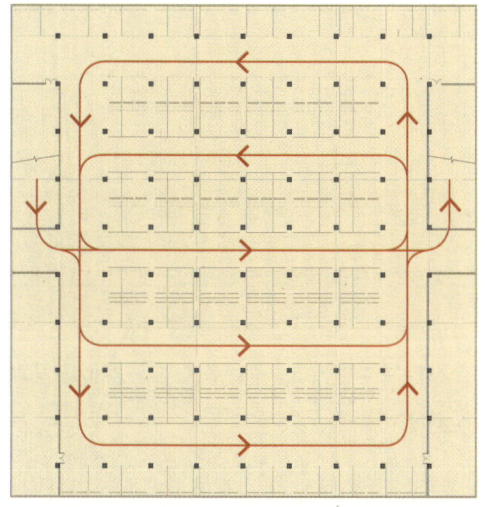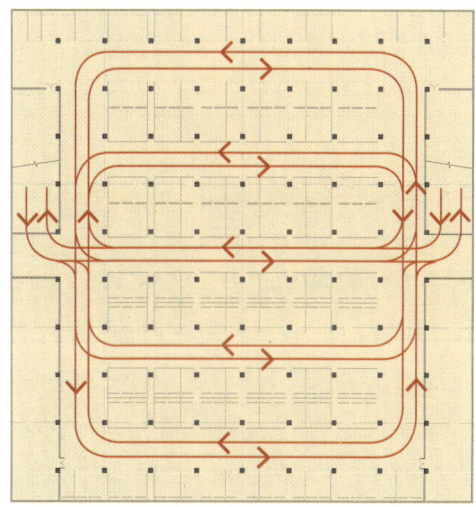

图 6-36   单向、双向车流组织对比分析

3. 确定次动线

次动线即为停车的动线，次动线也不可均为一个方向，否则会造成主动线压力太大、太堵，减少了循环驾驶寻找空余车位的机会，因此停车动线最好采用相邻反向的组合，如图所示。

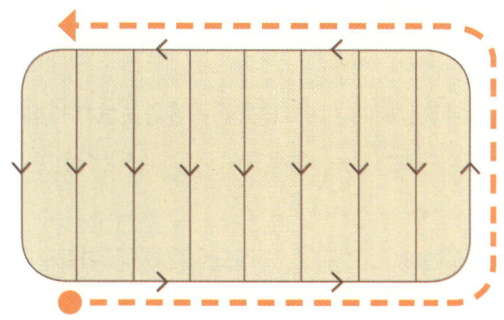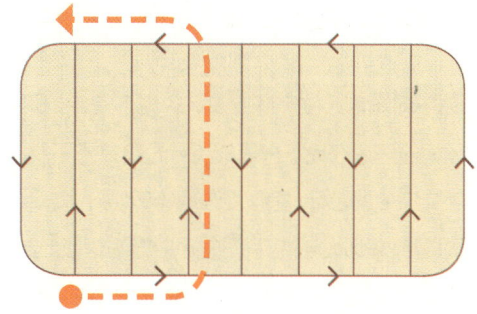

图 6-37   单行线就近反向布置

6.7.3 停车库人行流线设计

停完车后，人需要经过一段的步行距离才能抵达建筑核心筒或者商业建筑入口，因此，车库人行流线的设计也不可忽视，否则容易人车混流，造成交通隐患。前面说过，车道最好设置为单向车道，那么车道两边就有足够的空间来划分人行走道。以 5.5m 车道为例，单车道 3.5m，两边可各留 1m 的行人走道。在人行流线设计时，一定要通过明晰的指示系统提示行人以最短的距离进入核心筒或者是其他功能建筑。

6.7.4 停车库分区设计

商业综合体需对各功能进行停车分区划分，即使是单一的商业功能，在面积很大的车库范围内也应进行分区。停车分区能有效减短停车库与建筑功能的距离，并且能够限定特定人群在相对区域活动，提高停车效率，再者，通过不同的风格或颜色进行停车分区，让人在停车库内找到参照物，不容易迷失方向。停车分区应注意以下几点：

1. 车库防火分区之间会有防火墙，分区时可结合车库的防火分区进行划分。
2. 车库停车分区可按楼层垂直划分和按区域水平划分。
3. 对于商业综合体，停车分区尽量使非固定人员的停车行为方便，比如商业车流及酒店车流，像办公、公寓和住宅及工作人员的停车较为固定，应让步于商业与酒店停车。
4. 车库分区可通过不同风格设计来进行区分，优秀的设计能营造轻松有趣的氛围，减少车库单调枯燥的气氛，让人更加轻松和愉快。优秀的商业建筑必然是越来越人性化的，而且通过停车库进入商业的人流占较大比例，用心的车库设计一定会给顾客留下美好的印象。

6.7.5 停车库与商业的连接

1. 地下停车库： 位于商业建筑的地下室，如果商场没有设置地下层商业，车库与商业主要通过扶梯和电梯进行连接。顾客停车后在地下车库的步行距离最好不要超过 100m。地下停车场扶梯和客梯的服务半径应不大于 75m。停车位到交通核的步行过程应划分步行区域，以保证人行安全。

2. 地面停车场： 与商业的连接主要通过地面步行，此方式容易造成人车混流，交通安全性较差，由于地面行走很难限制人流，因此即使做了人流路线的规划，也应加强管理。

3. 地上停车楼： 一般毗邻建筑，因此在建筑的每层均可与停车楼紧密相连，停车楼作为一种特殊的主力店形式，通过与商业的平层连接，可提高商业高楼层的价值。

4. 部分楼层（低楼层或高楼层）停车和屋面停车： 这两种方式均与商业建筑是一体叠加的，因此都是通过建筑的竖向核心筒进行连接，在设计时同样要注意服务半径与人流路径。

6.8 立面设计

商业建筑的立面好比是商业空间的外衣，反映着商业的品位及时代特性。建筑立面也是商业主要的形象代表，优秀的商业立面设计不仅是商场有形的品牌象征，还能为商业引来相当可观的人流，具有一定的招徕作用。下面就风格、材质和色调与立面的关系，结合一些实例来分析立面设计的要点。

6.8.1　风格与立面设计

按风格对立面设计进行划分的话，大致可分为四类：现代风格、欧式风格、中式风格及历史风格。

1. 现代风格

现代风格不管具体体现为何种形式，都应是充满时尚魅力的，并且这种风格在现代商业立面中是最常见的，其适用性比较广，如果是富有特色的现代设计手法并符合商场定位，便很容易被顾客接受。现代时尚的风格一般会给人青春活力、简约大方的感觉。如上海 IAPM、北京芳草地等。

图 6-38　上海 IAPM　　　　　　　　　图 6-39　北京芳草地购物中心

2. 欧式风格

欧式风格一般会给人大气稳重的感觉，一般适用于定位比较高端，且具有一定欧式建筑历史的城市，如上海、青岛、哈尔滨、厦门和武汉等。需要注意的是，如果商业定位为中低档或者材质选择不是很好的话，便很难做出地道的感觉，建筑形象反而会很差，给人低档、劣质和廉价的感觉，其作用适得其反。另外，欧式风格的建筑一般通透性和灵活性上相对较弱，对立面的开窗和展示都有一定的制约。如上海环球港、上海大丸百货等。

图6-40　上海环球港

图6-41　上海大丸百货

3. 中式风格

中式风格适用于具有中国传统建筑特色的城市，其风格较具历史特征和地方特色，在具有历史文化的街区设计中式风格，往往能成为当地的景点，如上海豫园商业广场、成都太古里等。

图6-42　上海豫园商业广场

图6-43　成都太古里

4. 历史风格

这里的"历史风格"特指旧建筑的改造或模仿。如上海新天地、杭州南宋御街等。

图6-44   上海新天地

图6-45   杭州南宋御街

6.8.2 材质与立面设计

确定完立面设计的风格，应与开发商探讨立面材质的选择，因为不同材质的运用，所花费的建造成本是不同的，给人的感觉也是不同的。商业中有五种材质较为常见，笔者将分别对每类材质设计较好的商业实例进行展示，并对不同材质的设计方法与注意事项加以阐述。

1. 石材为主的立面

（1）以石材为主的立面，与其他材质组合时，应注意石材与其他材质的搭配和比例。

（2）石材立面设计时，应讲究分缝的处理，完整的石材立面缝应规整，并且应该设计缝的宽度，有时候通过石材的拼合形成花样也是一种立面的设计方式。

（3）石材立面很难过多地采用夜景照明系统，因为灯光系统在石材立面上很难走线和镶嵌。

（4）如果立面为曲率不同的弧线，石材在选材、模数、安装及完成度上都具有一定的难度，因此石材一般使用在平直的立面或者弧线曲率一定的立面上。

（5）石材饰面板有天然石材和人造石材之分，不同的品类、规格、质量、价格均不相同，但仍属造价较高的一种立面形式。

图6-46   上海正大乐城

图6-47   杭州万象城

图 6-48　南宁万象城

图 6-49　上海金虹桥

图 6-50　成都万象城

图 6-51　日本难波公园

图 6-52　上海新淮海坊

2. 玻璃为主的立面

（1）玻璃幕墙设计时，应确定好幕墙分隔的大小，不同大小的分隔会影响造价成本。

（2）玻璃幕墙装配分明框和隐框，目前由于安全因素，很多地方会要求至少在一个方向上为明框，在设计时应格外注意，并提前向相关部门咨询。

（3）如需增强玻璃幕墙的设计感与丰富度，很多会在分隔与颜色上加以变化，从而达到不同的纹理效果，使设计更加生动、精致。

（4）商业的玻璃幕墙与夜景照明有两种方式的体现。一种是运用玻璃本身的通透性来透射内部光源；一种是在玻璃幕墙的构造节点上安装光源。因此，以玻璃幕墙为主的立面其夜景亮度一般都较好。

（5）玻璃幕墙的造价也是立面材质里较贵的。

图 6-53　北京芳草地购物中心

图 6-54　深圳海雅缤纷城

图 6-55　上海浦东嘉里中心

图 6-56　上海芮欧百货

图 6-57　上海星空广场

图 6-58　上海静安嘉里中心

图 6-59　北京来福士广场

3. 金属为主的立面

（1）金属立面在很多商业项目中运用较多，特别是在异形曲面上，金属立面可塑性最强。

（2）如金属幕墙结合设置夜景照明，需在金属幕墙与结构墙之间预留一定的空腔作为设备走线和操作空间。预埋光源的幕墙缝也应仔细设计。

（3）金属幕墙同样要注重纹理和肌理设计，才会使建筑看上去更精致。

（4）金属幕墙一般具有较丰富的色彩，应善于利用这一属性，营造更为活泼生动的商业氛围。

（5）金属幕墙的造价中等。

图 6-60　南京水游城

图 6-61　上海中山公园龙之梦

图 6-62　深圳 KK MALL

图 6-63　广州白云万达广场

图 6-64　美国拉斯维加斯水晶商场

4. 智能化为主的立面

图 6-65   韩国天安市 Galleria Centercity 商场   图 6-66   武汉万达广场

5. 面砖为主的立面

图 6-67   上海尚嘉中心   图 6-68   上海百联西郊

6.8.3 色调与立面设计

　　色调的不同会改变商业给人的心理感受，一般冷色调高端、恬静、大方，适用于较高端的商业，暖色调亲切、活泼、刺激，适用于偏生活类或时尚型的商业，因此商业建筑的色调与其定位有关。下面仍以案例来展示不同色调给人的不同感觉。

1. 冷色调商业案例

图 6-69　上海高岛屋百货

图 6-70　上海长宁来福士广场

2. 暖色调商业案例

图 6-71　上海环球港

图 6-72　上海正大乐城

图 6-73　上海金山万达广场

6.8.4　主入口空间设计

商业建筑主入口为商业人流进入的第一空间场所，给人以直观的第一印象，主入口在空间和形象上都应具有强烈的吸引力，很多商业项目将设计的亮点放置在主入口处。

在商业建筑主入口处应形成一定的宜人空间，该空间一般以灰空间的形式存在，主入口灰空间将室外空间的人流自然过渡到室内空间，一般有以下四种常见方式：

1. 主入口局部架空

在很多商业项目中，在主入口处选择局部架空来营造商业入口的灰空间，这是十分有效且不失气势的组织形式。

图6-74　上海兆丰广场

图6-75　上海商城

2. 主入口特色雨篷

很多商业建筑也通过雨篷的艺术化处理来营造入口空间。这种方式一方面具有灰空间遮雨功能，另一方面可结合灯光和造型做出特别的视觉效果，夺人眼球。

图6-76　上海悦达889

图6-77　上海金虹桥

3. 入口标志性建筑

在入口处设计一个标志性的构筑物来作为过渡空间，是目前商业建筑主入口设计较流行的做法。这种方式虽然往往很出效果，但需有一定的造价投入。

图6-78　拉斯韦加斯 FASHION MALL

图6-79　上海美罗城

4. 入口凹入处理

主入口凹入也是入口灰空间建筑处理方式的一种，一般与造型和广场结合紧密。

图6-80　上海 IAPM

图6-81　上海长风景畔广场

6.8.5　广告位设计

广告对商业建筑来说也是非常重要的元素。广告位不仅能展示发布商业信息，吸引顾客注意，还能为商业创造一定的价值，而广告位设计可按照不同的界面与视距分为三个级别。

1. 城市级广告

城市级广告指的是在项目周边较远的距离便能够被看到的广告形式，它具有商业项目的总体代表性，主要宣传和展示整个商业项目，这种广告能辐射的距离也比较远。城市级广告以立面数字化广告、投影广告及 LED 幕为代表，另外如项目的巨型 LOGO、屋顶上的主标题、广场上的精神堡垒等也是常见的城市级广告。

2.街道级广告

街道级广告指的是在项目周边道路能够被看到的广告形式，这种广告以品牌宣传为主，因此主要是反映主力店等大商家的广告，其尺度比城市级广告要小一些，辐射范围也小一些，这样的广告一般设置在外立面上。除了立面广告和灯箱等常见的分散的广告位形式，有些商场会设置广告墙等集中的广告形式。街道级广告需要向商场缴纳广告费用。

3.近距离广告

近距离广告指的是每家店铺（通常是中小型商家）为自身品牌设计的广告形式，其尺度小于城市级广告和街道级广告，但其数量反而较多。这种广告一般以招牌和橱窗的方式体现。顾客通过店招对店铺进行品牌认知，通过橱窗对店铺内容进行预览，虽然尺度不大，但是对每家店铺都非常重要。很多商铺为了夺人眼球会设计非常新颖的门前店招。

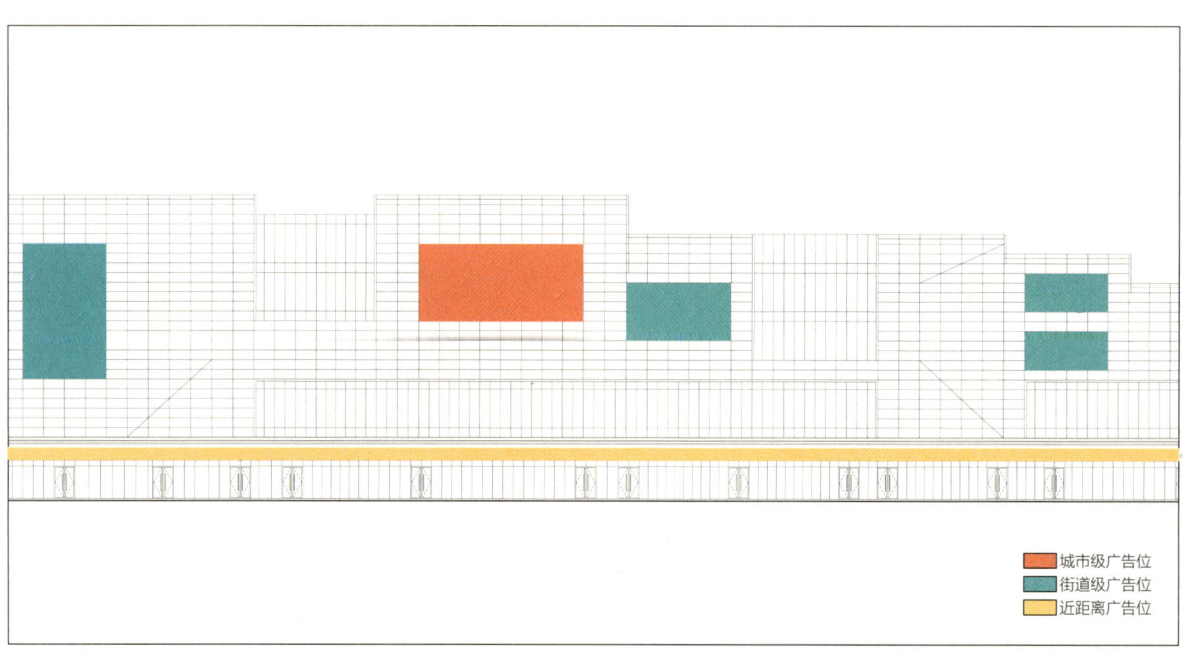

图6-82　某项目立面广告设计

6.9
专项配合设计

6.9.1 夜景照明

城市大部分居民属于上班族，工作时间一般在周一至周五的白天，那么商业最好的时间段当属夜晚及周末，由此看来，夜晚的商业氛围非常重要。在晚上，大部分建筑都会藏匿在夜色中，商业建筑却依靠灯火通明，展现着其异常迷人的魅力。事实上，漂亮的夜景照明能提高商业时尚指数，能吸引更多的人流，更能使商业建筑成为城市中一道亮丽的风景线。

夜景照明的方式有很多种，如泛光照明、轮廓照明、内透光照明、层叠照明等，但总结起来，其实主要是两种方式：一种是通过玻璃将内部的商业氛围透视出来，可简称为玻璃透射照明；另一种则是要通过特别设计的商业夜景照明，可简称为夜景设计照明。

1. 玻璃透射照明

玻璃透射照明，即为内透光照明方式，它将照明器设置在建筑内部，通过对室内界域照明的同时达到亮化建筑外立面的效果。商业立面设计时，如果具有玻璃幕墙或开窗条件，可设置玻璃橱窗，很多商家会运用玻璃橱窗来进行商品展示，同时在夜晚，玻璃橱窗透出来的光又可作为夜间的商业照明，这种方式额外花费的照明成本相对较少，却能收到非常不错的效果。

2. 夜景设计照明

这种方式更强调设计团队对照明方案的创意设想，在夜景照明方案中需要注意的要点如下：

（1）照明设计要分等级

在一个项目中可能存在很多建筑单体，或者一个建筑单体也有不同层次的造型，那么不能将所有的部位都设置成一个照度。为了突出重点，常常需要将夜景照明进行分级，如Ⅰ级、Ⅱ级、Ⅲ级、Ⅳ级，Ⅰ级为照度最大，夜景照明设计需重点处理，它在设计上是最丰富的，等级也是最高的，Ⅳ级则相反。等级的多少可根据项目的规模和具体内容进行划分。一般而言，设计会将非常重要的点、线、面，如主入口、主广场、主立面或者塔楼轮廓等设为高等级，其他部位则可稍微降低等级。这样不仅效果更为明显、生动，也比较节约成本，节约能源。

（2）不同时间不同效果

夜景照明的设计效果强调变化的视觉体验，因此理论上不应是每天都一样，每天晚上一定的时间段内也应有一定的变化，平常日子和节假日更应有不同。这样才能让人有新鲜的感觉，倘若日日一样的照明效果，定会让人觉得枯燥乏味。

（3）强化商业主题

无论是在定位、规划，还是在建筑设计阶段，都会有主题的呈现，照明设计应是相得益彰、画龙点睛之笔。在照明设计时，应充分了解商业主题，将其强化并做到锦上添花，而不是起到相反的作用。比如定位是年轻时尚型商业，夜景照明不能设计成稳重奢华的调子，规划如果是水的概念不可设计成火的调子，优秀的照明设计还能升华建筑设计的立意和主题。

（4）预算允许增加动感照明

动感照明将图案及色彩以动态的效果呈现，更具有科技感和时尚魅力，精美动态的效果可以震撼消费者的心理，并能起到兴奋作用，目前这种照明方式已经得到不少运用，有些甚至会与商业电子化和智能化科技结合，发布信息及广告等。

图 6-83　上海金山万达

6.9.2　导向标识

导向标识设计的优劣体现整个商业的专业化程度和服务意识。导向标识是最好的非人工引导。设计好了，可以让消费者非常有效地完成购物体验，而如果设计不好，会让人觉得晕头转向，丧失购物兴趣。

导向标识包括平面功能介绍、空间上的功能性标识指引以及地面上的线路标识等。现在应用的比较多的是电子标识，很多商场也特别设计了智能 APP 软件，运用了 O2O 的模式。

1. 平面功能介绍

楼层平面图体现了每层的平面布置及店铺信息，原来有灯箱广告的、纸质的平面形式，新的商业较多采用的是电子屏。电子屏的平面功能介绍可通过触屏对商业信息及功能进行搜索，比较智能迅捷。平面功能介绍一般会在商业主入口处、接待台处、竖向交通旁及中庭附近人流较多、位置较醒目的地方设置。

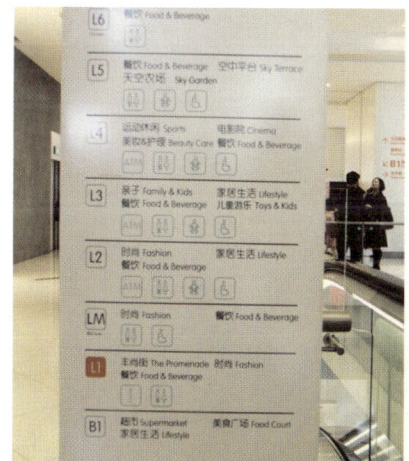
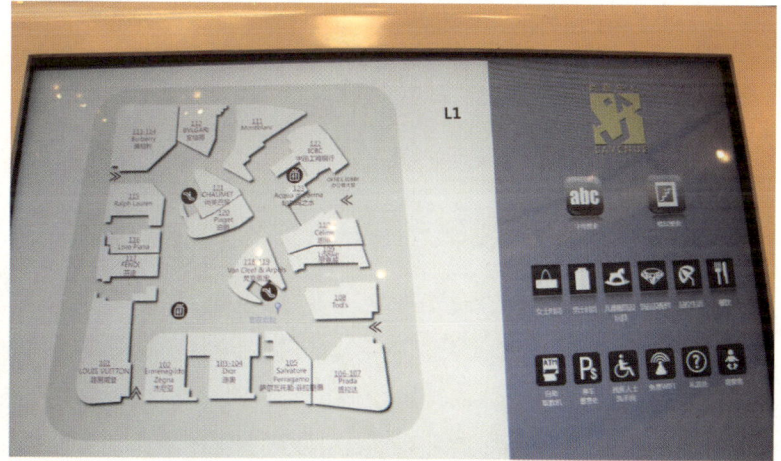

图 6-84　楼层平面、导览

2. 功能性标志指引

辅助功能如电梯、楼梯、扶梯、卫生间、收银处及安全疏散口等，还有一些主力店功能指示如影院、书城、儿童游乐等，这些功能在走廊上会有标识，从而有效引导人流。除此以外，在扶梯的每层转换处均有此层的功能内容及各层的大致业态标识。

图 6-85　走廊标识

图 6-86　电扶梯标识

功能标志指引要注意其指示一定要正确清晰，简单易懂。其位置高低也要适宜，使较多的人能够看到。在设计标识时，也需趣味化和时尚化，字体和图案尽量有设计感，标牌颜色与室内装修风格相搭。

图 6-87　功能标示

6.9.3 景观

景观广场作为商业建筑的休憩公共服务设施而存在，体现了商业设计的人文关怀和品位格调，也是商业环境的一种体现。现代商业也越来越注重环境的设计，在很多项目中，景观、广场甚至成为焦点与特色，成为宜人的公共活动空间，它给商业项目带来的收益也不容小觑。

景观资源可以是天然的也可以是设计的，好的景观环境给人怡人愉悦的感觉，现代商业越来越多的将不同的元素加入进来，并希望消费者能有非凡的体验，因此景观设计也是个非常重要的环节，它不仅可以在室外也可以延伸到室内。

1. 利用原有景观资源

很多商业项目内本身存在绿地、绿植或者河流小溪，可以将它们利用起来，为商业项目所用。通常由此可形成休闲商业的休憩活动空间，塑造宜人的消费环境。如深圳海上世界广场。

图 6-88　深圳海上世界广场

2. 设计新的景观元素

有些商业项目为了营造绿色的空间,会独立设计绿化景观区供购物者休息,以此作为一个亮点来吸引人流,如上海的正大乐城、日本的难波公园等。

图 6-89 上海正大乐城 图 6-90 日本难波公园

还有一些项目在毗邻不良环境时,可将其设计成景观花园,将不利面变为有利面,如上海西郊百联商业广场面临城市主道路,为了应对嘈杂的环境,特别设计了一个小型的绿化花园。

图 6-91 上海百联西郊

6.10
上海最新商业案例

以上海为龙头和风向标,中国正迈向全面消费的时代。中国第一家百货商店、第一家超市、第一家便利店、第一家大卖场、第一家购物中心、第一家奥特莱斯都诞生在上海。上海不仅拥有强大的民族商业,更聚集了国际上几乎所有的跨国商业集团,并以上海为基地,向全国各地延伸、发展。不仅如此,上海的商业环境、商业圈层、商业业态、商业门类、服务内容、营销方式等或已具备了国际一流大都市的功能。

在中国的商业地产发展过程中,可以说上海该区域范围的商业发展既有它的时机特殊性,也有商业规律运用的普遍性,并且上海的商业建筑建设所取得的成就有目共睹,其广阔的前景更令人翘首期待。上海一直保持着海纳百川的姿态,尤其在近二十年的发展过程中,产生了一大批颇具代表性和借鉴意义的商业建筑项目。而与此同时,在全国各地也出现了许多大规模的商业项目,但真正运营成功者少失败者多。因此将上海成功的商业建筑进行总结和梳理,不仅具有客观的档案价值,也具有可观的普世价值。

笔者在本书中不仅引用了大量国内外的商业建筑案例,更因为工作于上海的地缘优势,对上海的商业建筑案例也特别做了大量的深度调研。在此选取一部分调研的成果,精选一部分最新建成并且运营良好的商业建筑项目,以"基本信息、室内外照片、平面规划图"的基本形式,呈现给广大读者,希望能给行业从业者和对商业建筑感兴趣的读者带来有益的启迪。在基本信息中,主要反映项目地址、级别、规模、物业组合、停车位等信息;在室内外照片的选取上,尽量选择具有该项目明显特征的视觉形象;而在平面规划图上,通过对设计图纸和现场实地调研的反复核实比较后,尽量以真实的运营后的实际情况呈现出来,在该图上将涵盖基地形态、交通接驳、出入口关系、主要商业动线、中庭位置、垂直交通、商铺布局、功能组合等信息,这是每个项目分析最重要的部分。这些信息的呈现对商业项目的开发和设计具有参考意义,能更加直观地体现商业设计的重点要素。

上海国金中心
IFC

项目地址:	上海市世纪大道 8 号	项目级别:	城市级
投资单位:	新鸿基地产集团	项目规模:	总建筑面积 40 万 m²
设计单位:	美 Pelli Clarke Pelli 事务所		商业建筑面积 10 万 m²
商业类别:	商业综合体	停车位:	1900 余个
物业组合:	购物中心＋办公＋酒店＋公寓	开业时间:	2010 年

图 6-92 中庭

图 6-93 外立面

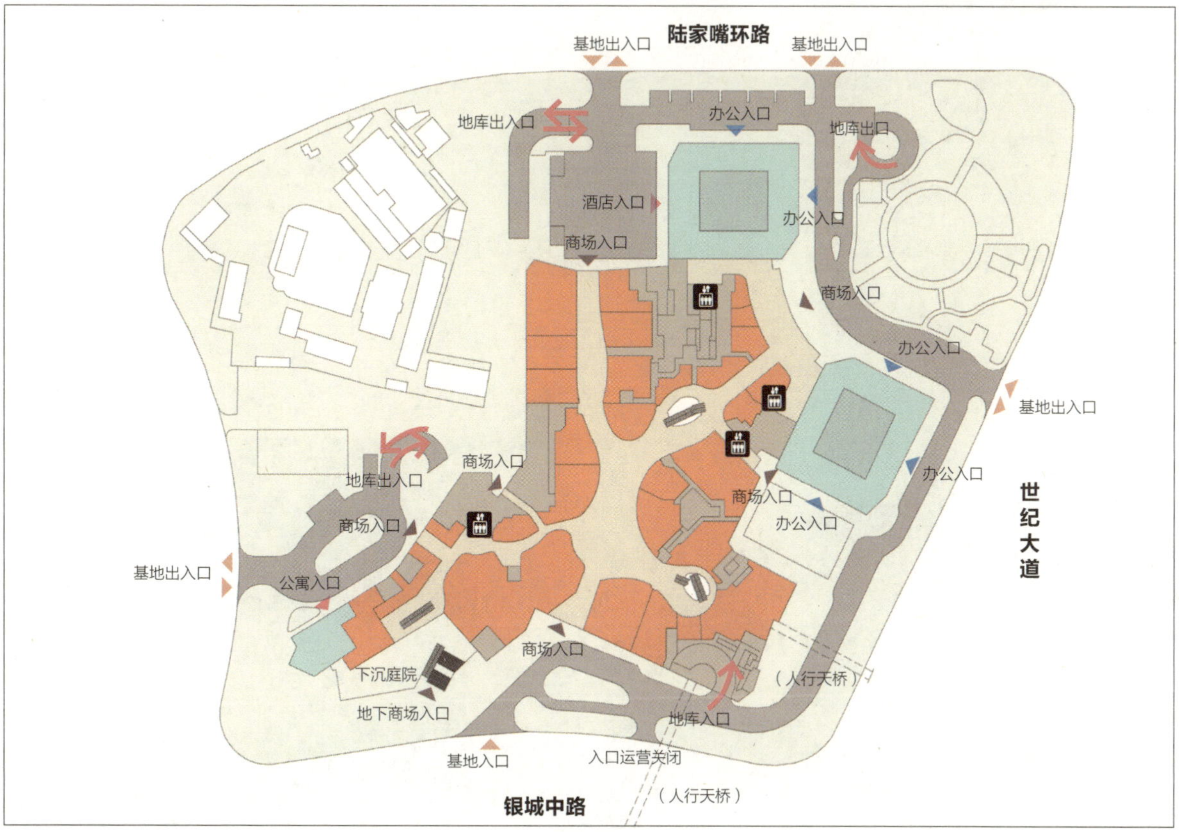

图 6-94 首层平面图

环贸广场

lapm

项目地址：上海市淮海中路 999 号

投资单位：新鸿基地产

设计单位：贝诺建筑设计（上海）有限公司

商业类别：商业综合体

物业组合：购物中心＋办公＋公寓

项目级别：城市级

项目规模：总建筑面积 32.5 万 m²

　　　　　商业建筑面积 12 万 m²

停车位：800 余个

开业时间：2013 年

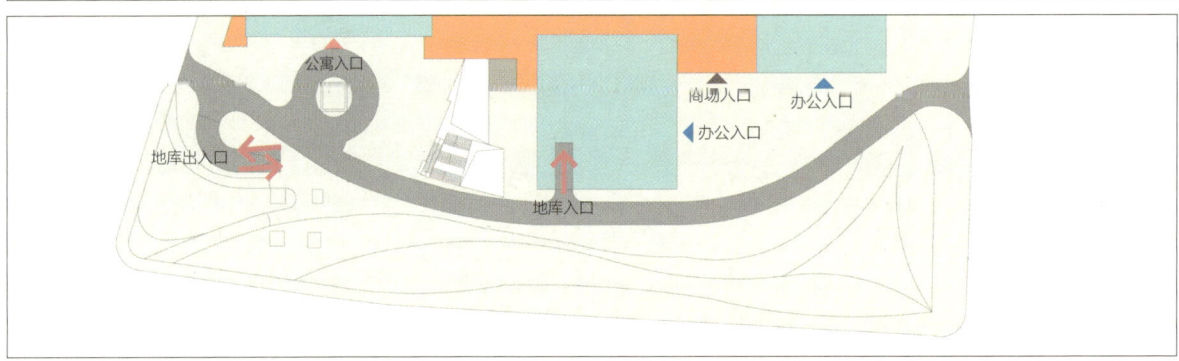

图 6-95　首层平面图、局部二层平面图

图 6-96　外立面

图 6-97　中庭

环球港
Global Harbor

项目地址：	上海市普陀区中山北路 3300 号	项目级别：	城市级
投资单位：	月星集团	项目规模：	总建筑面积 48 万 m²
设计单位：	Chapman Taylor 建筑事务所		商业建筑面积 32 万 m²
商业类别：	商业综合体	停车位：	约 2200 个
物业组合：	购物中心＋办公＋酒店＋公寓	开业时间：	2013 年

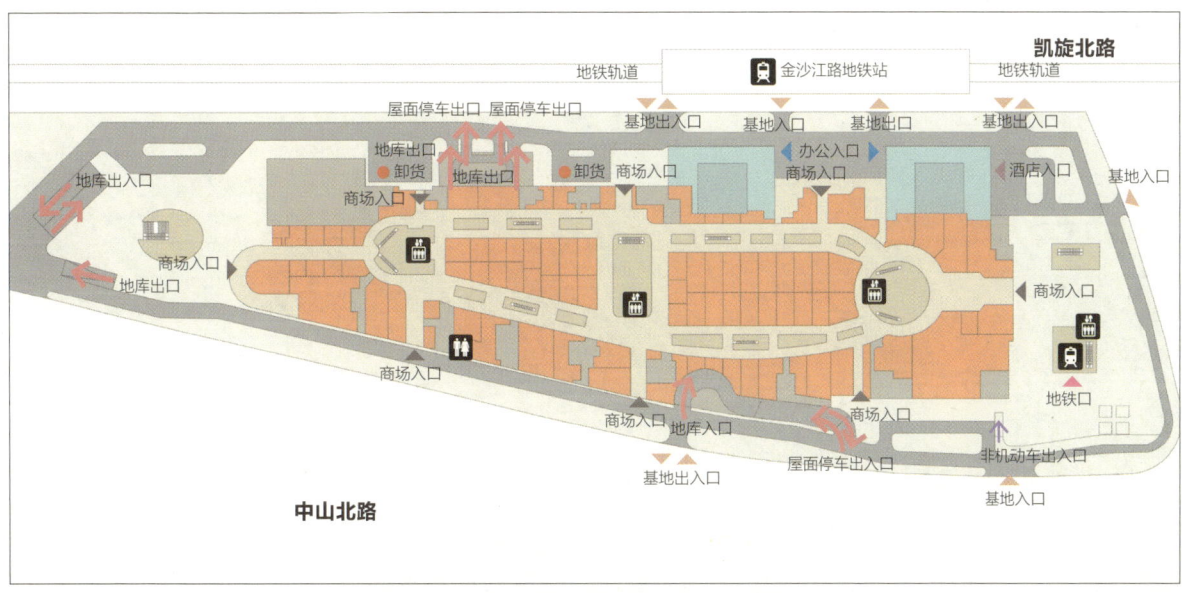

图 6-98　首层平面图

图 6-99　外立面

图 6-100　中庭

图 6-101　中庭

静安嘉里中心
JingAn Kerry Centre

项目地址： 上海市静安区南京西路 1515 号
投资单位： 上海吉祥房地产公司
设计单位： KPF 建筑师事务所
商业类别： 商业综合体
物业组合： 购物中心＋办公＋酒店＋公寓

项目级别： 城市级
项目规模： 总建筑面积 45 万 m²
　　　　　 商业建筑面积 8.6 万 m²
停 车 位： 1340 余个
开 业 时 间： 2013 年

图 6-102　外立面

图 6-103　中庭

图 6-104　中庭

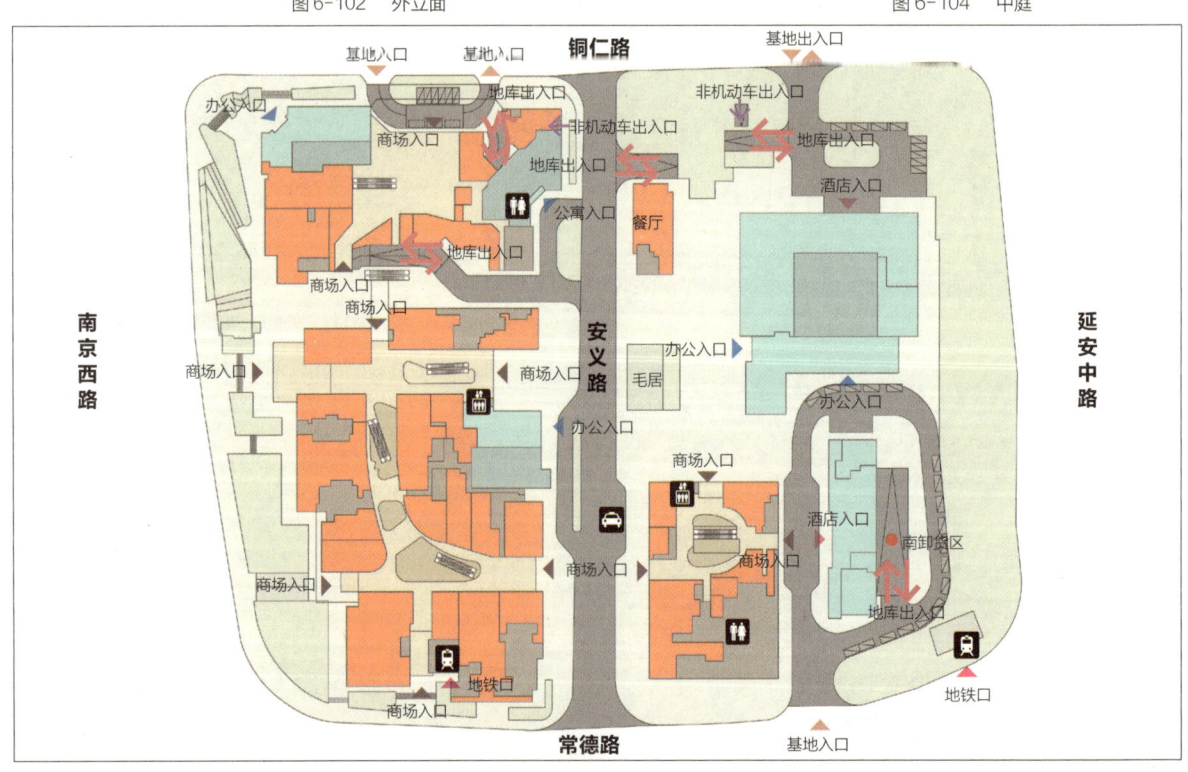

图 6-105　首层平面图

尚嘉中心
L'Avenue

项目地址:	上海市长宁区仙霞路99号
投资单位:	上海力仕鸿华房地产发展有限公司
设计单位:	青木淳建筑计画事务所
商业类别:	商业综合体
物业组合:	购物中心＋办公

项目级别:	城市级
项目规模:	总建筑面积14万㎡
	商业建筑面积4.9万㎡
停车位:	699个
开业时间:	2013年

图6-106　中庭

图6-107　外立面

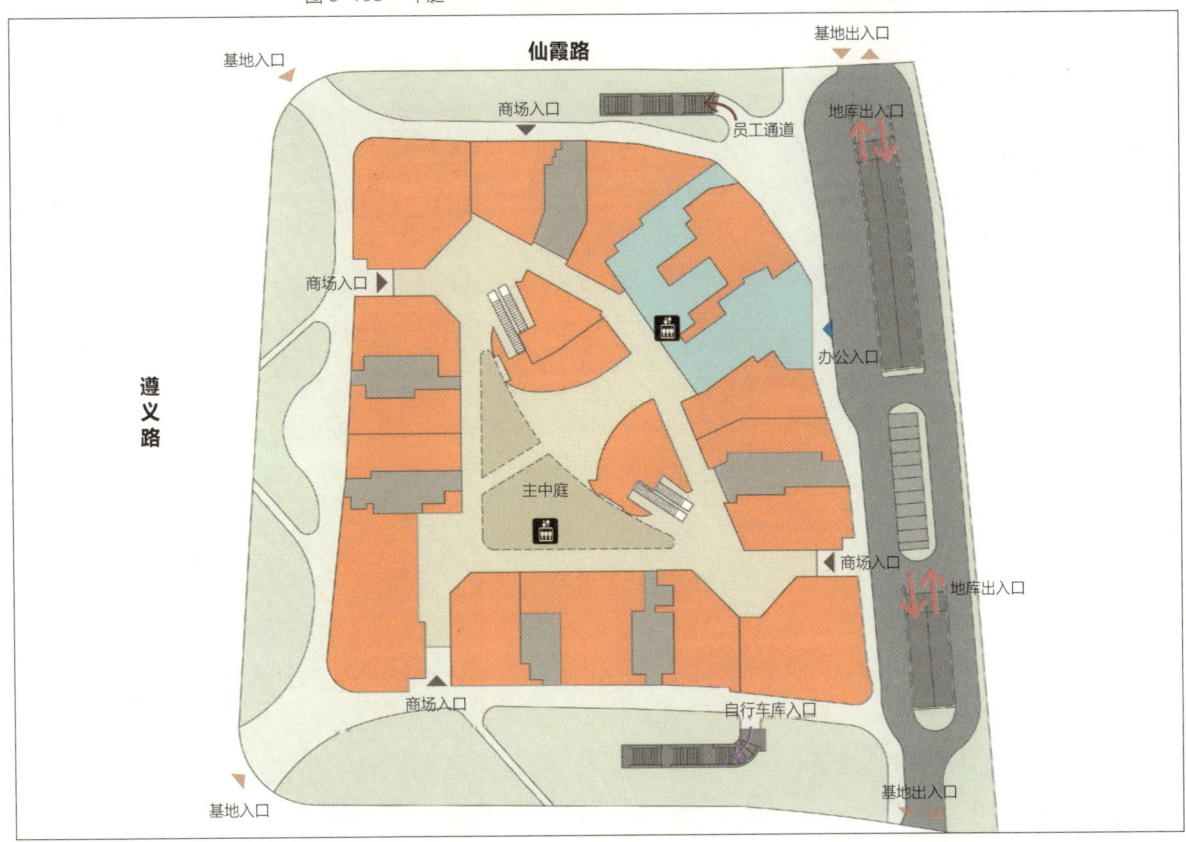

图6-108　首层平面图

大悦城

Joy City

项目地址:	上海市闸北区西藏北路 166 号
投资单位:	中粮集团
设计单位:	RTKL
商业类别:	城市综合体
物业组合:	商业 + 办公 + 住宅

项目级别:	区域级
项目规模:	商业建筑面积 13.2 万 m²
停车位:	2400 余个
开业时间:	2015 年

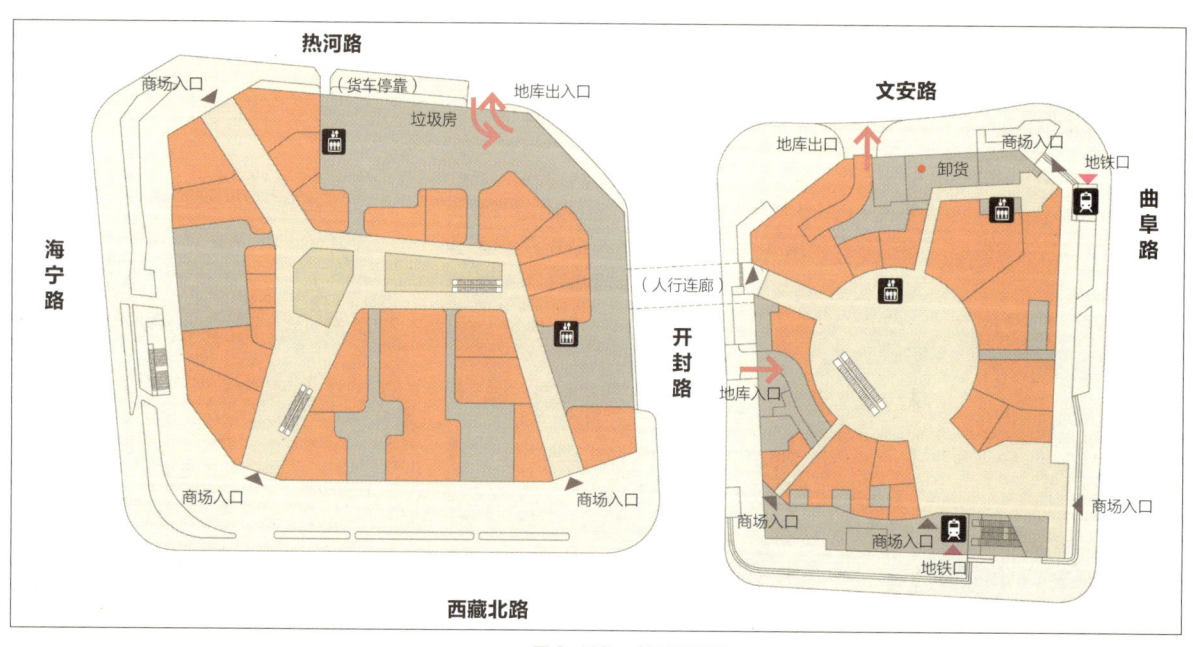

图 6-109　首层平面图

图 6-110　外立面

图 6-111　室内风情街

图 6-112　外立面

晶品购物中心

Crystal Galleria

项目地址：	上海市静安区愚园路68号	项目级别：	城市级
投资单位：	丰泰地产	项目规模：	商业建筑面积7.3万㎡
商业类别：	商业综合体	停车位：	460余个
物业组合：	购物中心＋办公	开业时间：	2015年

图6-113　外立面

图6-114　中庭

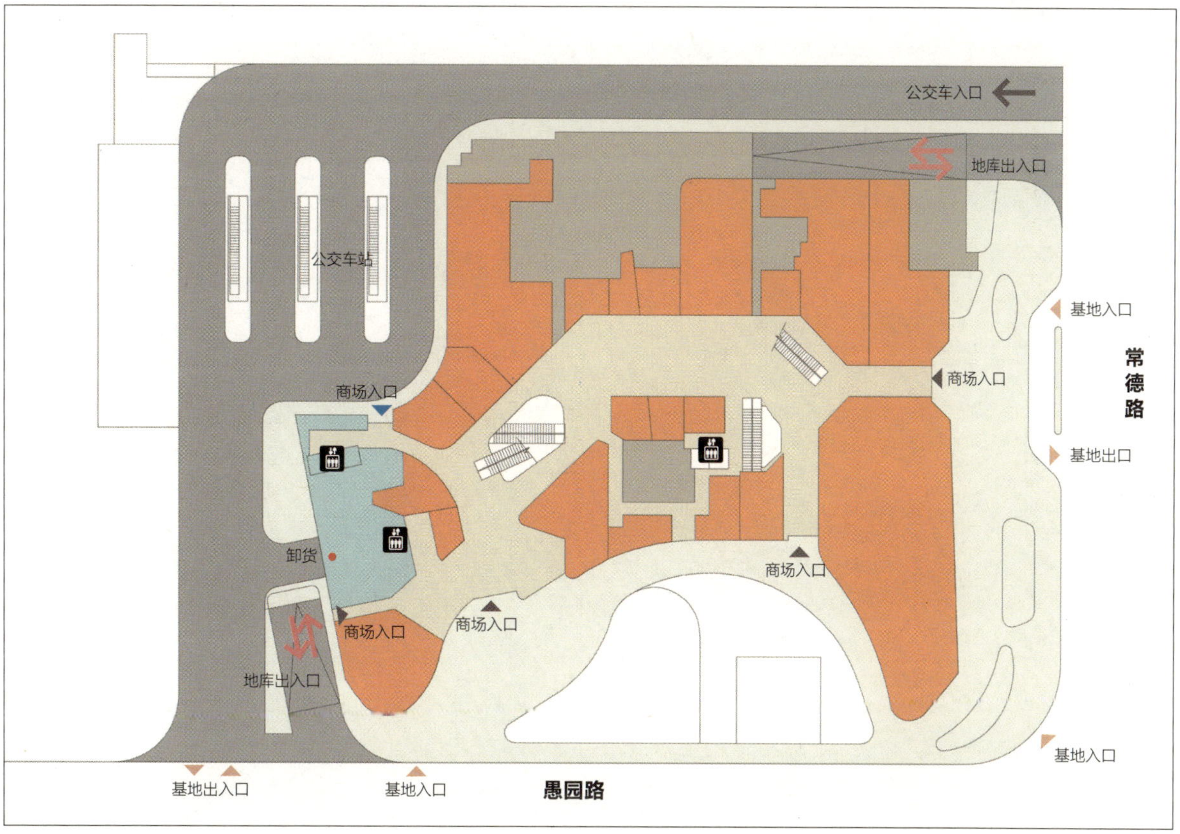

图6-115　首层平面图

正大乐城

Touch

项目地址：	上海市徐汇区中山南二路 699 号
投资单位：	上海绿地恒滨置业有限公司
设计单位：	新加坡日建设计事务所
商业类别：	大型购物中心
物业组合：	商业＋办公

项目级别：	社区级
项目规模：	总建筑面积 19 万 m²
	商业建筑面积 5.5 万 m²
停车位：	1225 个
开业时间：	2013 年

图 6-116　内街

图 6-117　内街

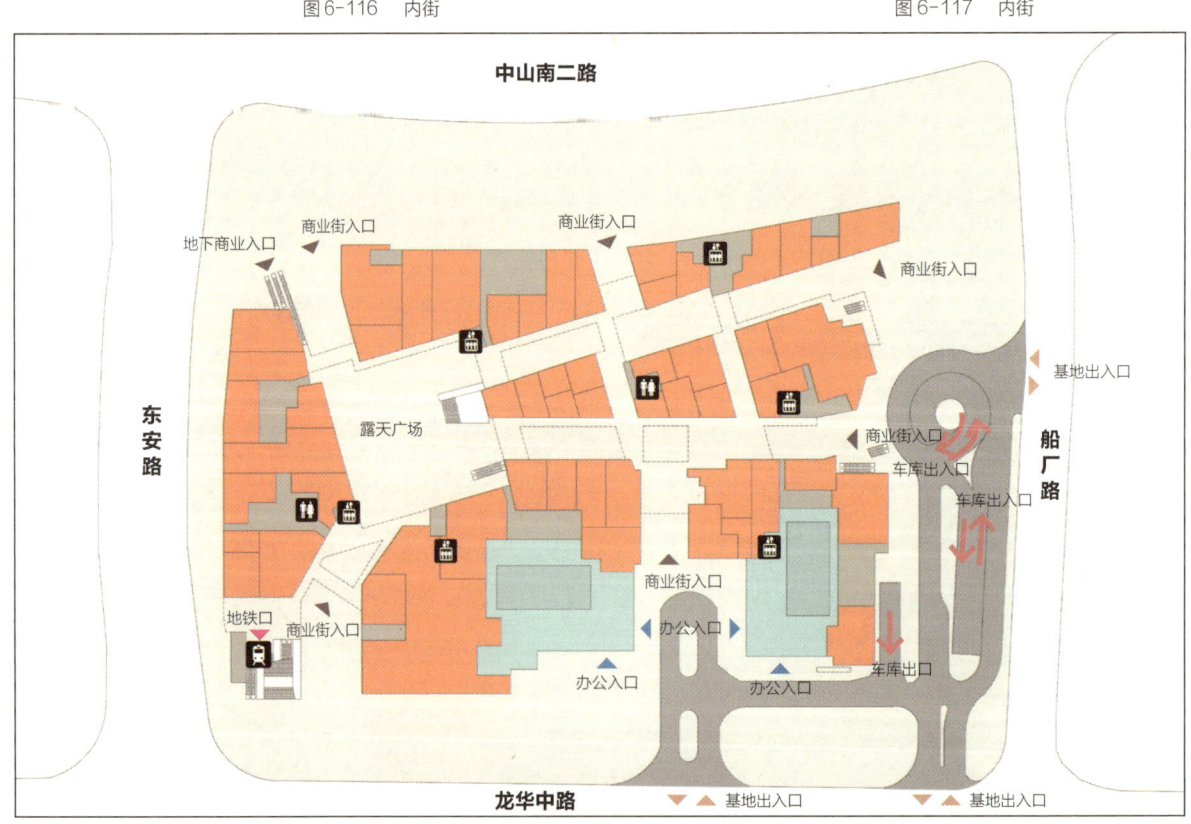

图 6-118　首层平面图

南丰城
The Place

项 目 地 址：	上海市长宁区遵义路 100 号	项 目 级 别： 城市级
投 资 单 位：	南丰集团	项 目 规 模： 总建筑面积 37.7 万 m²
设 计 单 位：	贝诺建筑师事务所	商业建筑面积 11 万 m²
商 业 类 别：	商业综合体	停 车 位： 1000 余个
物 业 组 合：	购物中心 + 办公 + 住宅	开 业 时 间： 2015 年

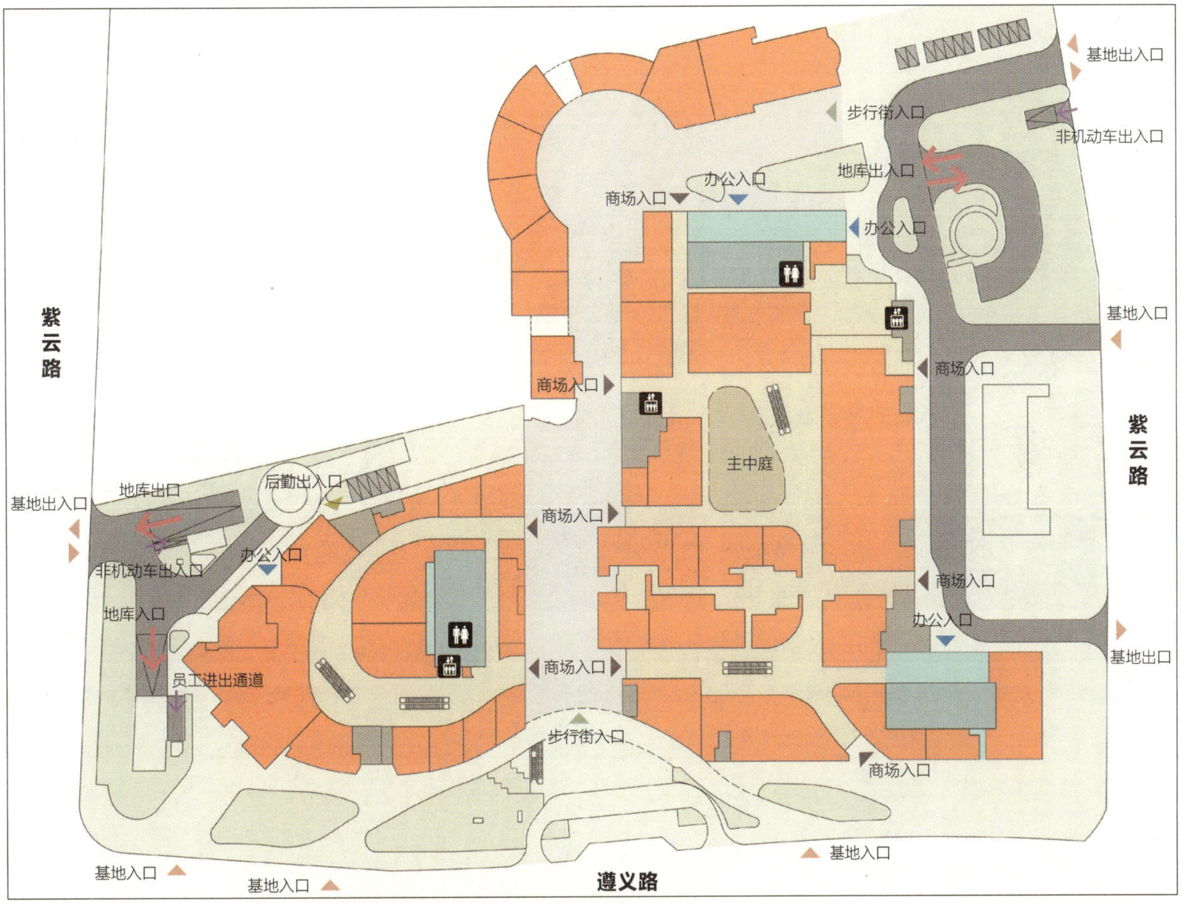

图 6-119　首层平面图

图 6-120　外立面

图 6-121　中庭

K11 购物中心
K11 Art Mall

项 目 地 址:	上海市黄浦区淮海中路 300 号	项 目 级 别:	城市级
投 资 单 位:	新世界中国地产有限公司	项 目 规 模:	总建筑面积 9.9 万 m²
设 计 单 位:	加拿大 B+H 设计事务所		商业建筑面积 4 万 m²
商 业 类 别:	购物中心	停 车 位:	270 个
物 业 组 合:	商业 + 办公 + 酒店	开 业 时 间:	2013 年

图 6-122 外立面

图 6-123 中庭

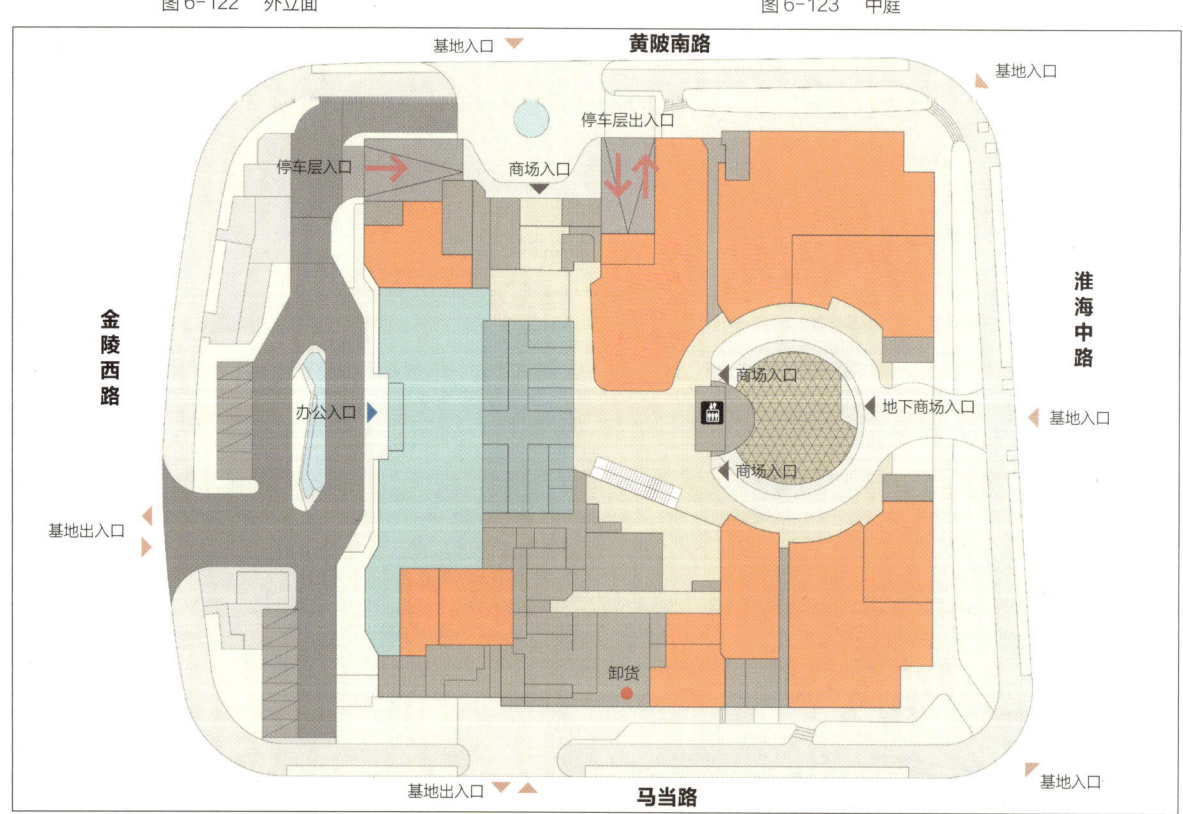

图 6-124 首层平面图

悦达 889 广场
YueDa 889 Plaza

项目地址：	上海市静安区万航渡路 889 号	项目级别：	区域级
投资单位：	上海静安悦诚房产置业有限公司	项目规模：	总建筑面积 10.2 万 m²
设计单位：	凯里森建筑设计事务所		商业建筑面积 5 万 m²
商业类别：	商业综合体	停车位：	512 个
物业组合：	购物中心＋办公	开业时间：	1999 年

图 6-125　首层平面图

图 6-126　中庭

金虹桥商场

ArchWalk

项 目 地 址：	上海市长宁区娄山关路 535 号
投 资 单 位：	金光ＡＰＰ集团
设 计 单 位：	约翰·波特曼建筑设计事务所
商 业 类 别：	商业综合体
物 业 组 合：	商业＋办公＋酒店

项 目 级 别：	区域级
项 目 规 模：	总建筑面积 26 万 m²
	商业建筑面积 8.5 万 m²
停 车 位：	1500 余个
开 业 时 间：	2015 年

图 6-127　外立面

图 6-128　景观电梯

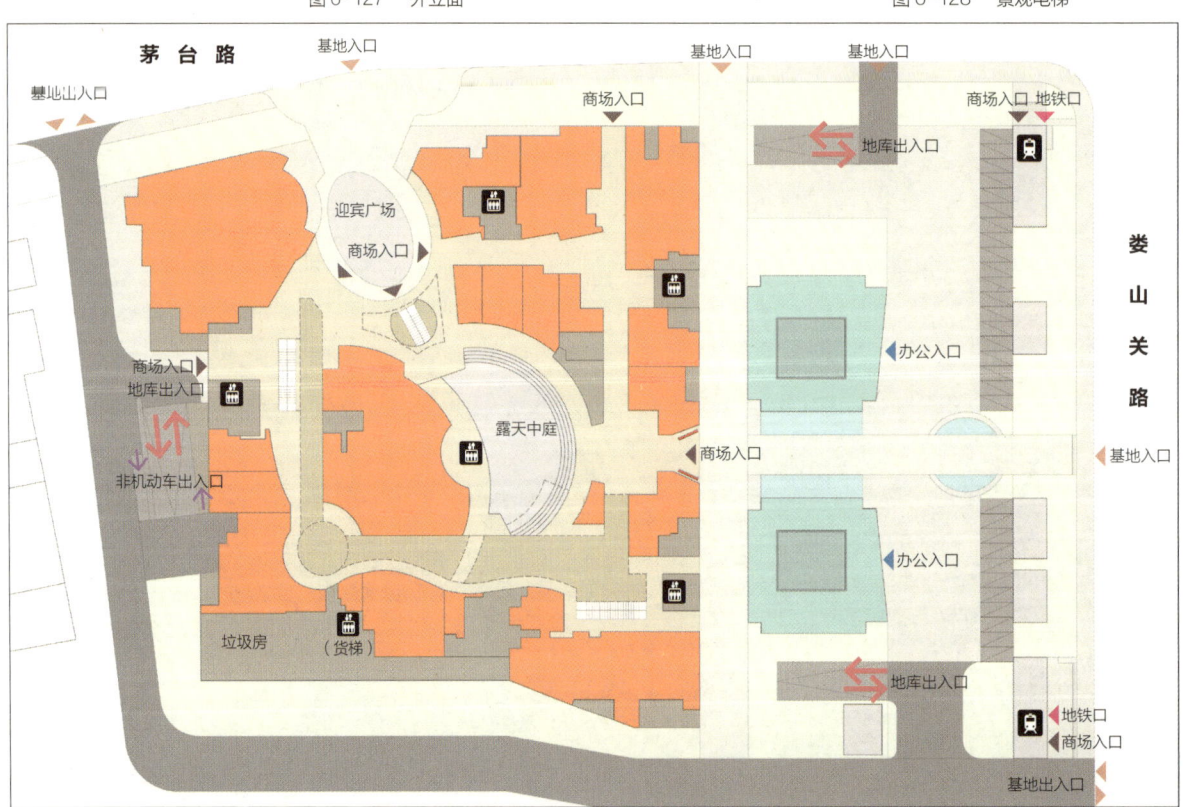

图 6-129　首层平面图

大丸百货

ShangHai New World DaWan

项目地址： 上海市黄浦区南京东路 228 号
投资单位： 上海新世界股份有限公司
　　　　　上海新黄浦（集团）有限责任公司
商业类别： 百货商场

项目级别： 城市级
项目规模： 总建筑面积 11.8 万 m²
　　　　　商业建筑面积 6 万 m²
开业时间： 2015 年

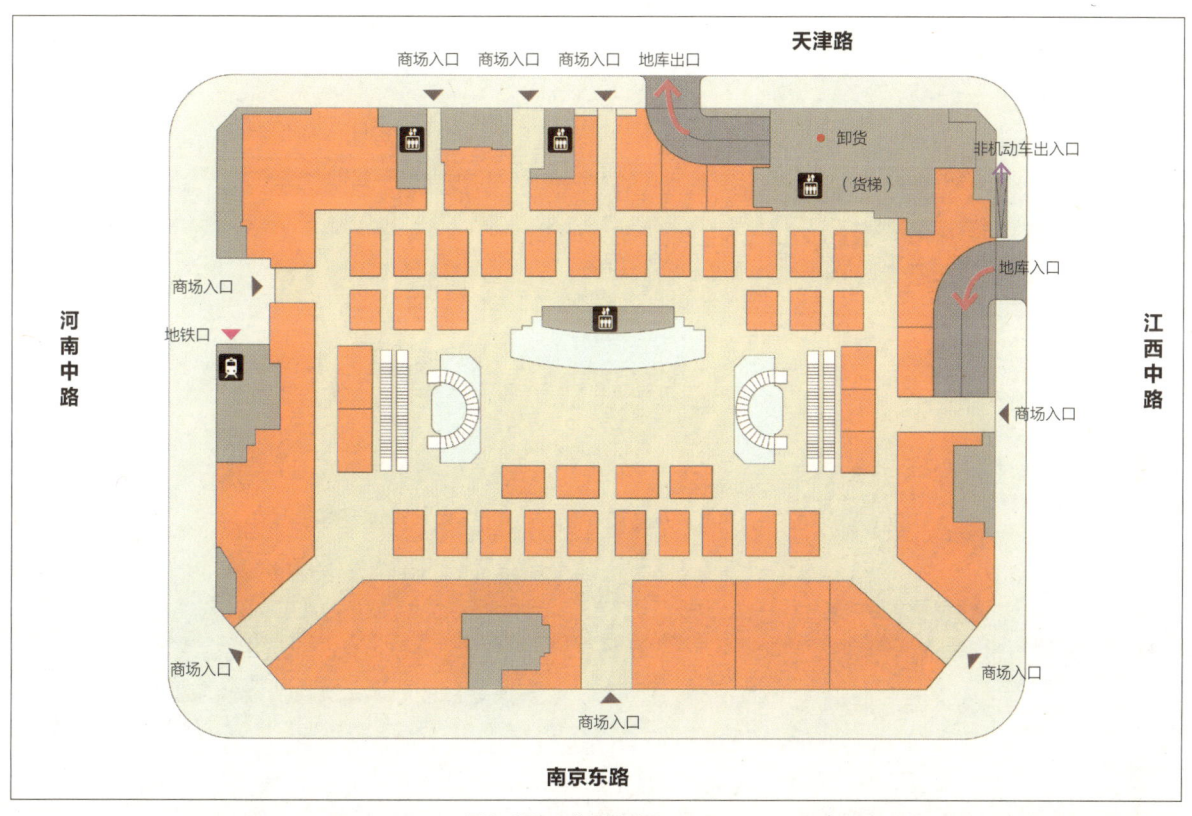

图 6-130　首层平面图

图 6-131　中庭

图 6-132　过道

第七篇　大型
商业建筑
消防设计

Fire Prevention
Design Of
Commercial Buildings

Chapter

07

商业建筑的消防问题会影响很多的设计问题，毫不夸张地说，如果在前期没有深刻了解消防设计要点，可能会使得整个商业建筑无法使用。因此在实际项目中，越早确定消防模式越好。很多设计师在规划和方案设计时完全不考虑消防设计，而将消防设计放在初步设计中去考虑，这样有可能由于消防问题，使整个项目的规划和方案发生颠覆性的改变，使得设计不具有落地性。

　　在商业中，消防设计涉及的方面比较多，它也是商业设计的难点之一，消防设计不合理会导致动线不合理，并且造成很多设备上的成本增大。因此一定要把握好消防设计的原则，才能做出有效的商业设计。

　　2015 年全国统一正式实行新的《建筑设计防火规范》GB 50016-2014。这是消防设计最重要的依据。笔者除了在消防原理上做统一阐述，还会对规范内影响设计的内容做一些阐述。

　　在商业建筑消防设计中，除了对防火规范进行仔细研读外，还应多与当地消防部门沟通，因为对消防规范的理解和尺度的把握可能各地会有一些出入，因此在前期方案设计时就应该对重点问题进行征询，以防后期审批不过再进行大幅的修改与颠覆。

　　消防设计的成果一般分为设计说明和设计图纸。在建筑消防设计篇中，笔者着重以设计和思路为导向，不对消防设计成果一一阐述。

7.1
总平面消防设计

总平面消防设计实际上是体现在建筑总体布局上的消防系统方案，它表现在消防救援人员和设施如何从场地外进入到场地内，又如何在场地内运行，并且能够到达建筑，进行消防救援。

总平面规划设计完成之后，应马上对总图进行消防设计，保证总图消防满足要求，从而确定方案的落地性。本篇中主要针对商业综合体相关的公共建筑进行说明。总图消防设计有以下几个比较重要的内容。

7.1.1 建筑性质定性

在总平面规划设计完成之后，便会得知项目内每个建筑的面积、经营内容及高度，根据这些，首先要对每个建筑进行消防定性。主要定以下几项内容：

1. 建筑规划定性，如为民用建筑中的住宅建筑还是公共建筑，公共建筑的经营内容是什么，商业的类型是什么。公共建筑的内容有很多，消防设计规范内对不同的经营内容有不同的限定和要求。

2. 建筑为单层建筑、多层建筑还是为高层建筑，公共高层建筑是否超 50m、100m、250m。在高层建筑中，50m、100m、250m 的临界点，是划分一些消防类别及措施的界限。

3. 高层民用建筑消防分类

高层民用建筑分消防为一类和二类，不同的类别防火要求不同。

4. 耐火等级

根据规范的解读，应对每个建筑的耐火等级予以确认，不同耐火等级的防火救援措施不同，因此也应将其定性。

最后可根据这些内容做一个建筑性质定性表，完成此表，有利于建筑消防设计时，设计人员随时进行对比和查看，对于后面一些消防措施的选择就不需要每个单体，每人每次都去验证，能提高整个设计组的效率。

	建筑性质定性			表 7-1
建筑单体	性质与内容	建筑高度	建筑分类	耐火等级
1号楼				
2号楼				
3号楼				

在实际项目中，关于商业建筑的多、高层定义，笔者遇到过这类问题。建筑的其他部分均在24m以下，只有局部的顶部超24m，如影院IMAX厅顶盖超24m和中庭顶盖超24m。这种情况下是否应该定义为高层？

《建筑设计防火规范》　GB 50016-2014　条文说明 5.1.1（3）......如某体育馆建筑主体为单层，建筑高度30.6m，座位区下部设置4层辅助用房，第四层顶板标高22.7m，该体育馆可不按高层建筑进行防火设计。

如图所示。笔者认为三个情况比较相似，但规范后的条文说明不能作为消防设计的依据，笔者只是提供一种探讨的可能性，将三种情况进行对比。如遇到此类问题，可向消防部门和编制组进行征询探讨，但最终结果还是以消防部门结论为主。

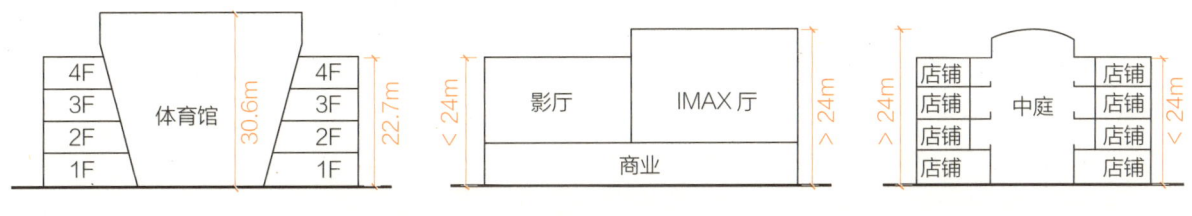

图7-1　建筑超24m分析

7.1.2　防火间距

总平面消防设计应验证建筑之间的防火间距是否满足，防火间距的限制在《建筑设计防火规范》GB50016-2014　表5.2.2中可查询。除建筑与建筑之间应满足规范要求，如果建筑间有消防救援场地或消防车道，还应满足其与建筑之间的距离及本身的宽度，这可能会大大增加建筑之间的间距。极限情况下，消防车道在建筑间，可将建筑间场地均设为消防车可通行的场地，满足离一边建筑5m，在火灾一次性的前提下，向消防部门征询，救援场地同理。如图所示。

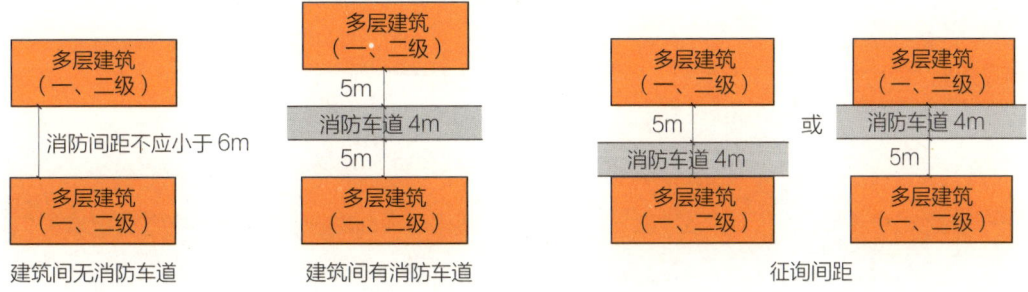

图7-2　防火间距分析

7.1.3 消防车道

消防车道的设计决定着消防车在场地内是否能顺利通行，同时影响总平面的布局，因此也为总平面消防设计的重点，在前期就应对其仔细考虑及设计。消防车道设计要点如下：

1. 确定消防车道的主结构

消防车道主结构一般有三个要点：

（1）环形消防车道

《建筑设计防火规范》 GB 50016-2014 7.1.2 高层民用建筑，超过 3000 个座位的体育馆，超过 2000 个座位的会堂，占地面积大于 3000m² 的商店建筑、展览建筑等单、多层公共建筑应设置环形消防车道……

由于现在的商业规模都较大，因此很多新建项目都要求设置环形消防车道，在总图布局时应尽量满足环形消防车道的设置要求。

（2）沿长边设置消防车道

《建筑设计防火规范》GB 50016-2014 7.1.2 …… 确有困难时，可沿建筑的两个长边设置消防车道；对于高层住宅建筑和山坡地或河道边临空建造的高层民用建筑，可沿建筑的一个长边设置消防车道，但该长边所在建筑立面应为消防车登高操作面。

规范中提到的"确有困难"，需在实际项目中与消防部门沟通好，只有消防部门认可才能使用此办法。

（3）消防车道在建筑物下贯穿

消防车道在建筑物下贯穿有两种情况应注意：

一是超长建筑。

《建筑设计防火规范》GB 50016-2014 7.1.1 …… 当建筑物沿街道部分的长度大于 150m 或总长度大于 220m 时，应设置穿过建筑物的消防车道。确有困难时，应设置环形消防车道。

此点条文说明着重点出了 L 型建筑和 U 型建筑的情况，因此需要限制单边长度与总长度。在实际项目中，特别是购物中心，有时候是没有特定的形状，笔者在项目中遇到过这样的问题，比如一个椭圆的购物中心，就形态来说是没有"边"可言的，也就是沿街道部分长度及总长度很难定义，最后与消防部门征询，以椭圆对角线长度为总长度标准，如果超过 220m，需要设置穿过购物中心的消防车道。这是笔者遇到该情况去征询的一个结果，并不代表是唯一的答案，不同地方的部门可能会有不同的看法，因此像一些异形不规则的建筑还是需与消防部门沟通。如图所示。

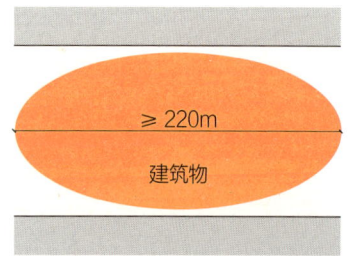
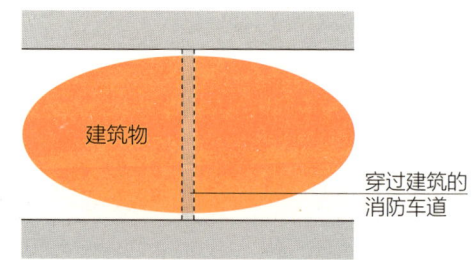

图 7-3　不规则建筑消防车道

另外一种就是有内院的建筑。

《建筑设计防火规范》GB 50016-2014 7.1.4 有封闭内院或天井的建筑物，当内院或天井的短边长度大于 24m 时，宜设置进入内院或天井的消防车道；当该建筑物沿街时，应设置连通街道和内院的人行通道（可利用楼梯间），其间距不宜大于 80m。

在此要注意的一点是，如果购物中心的中庭，在消防设计中有疏散作用，在着火时中庭顶盖自动开启，可定义为半室外开敞空间，至于是否被定义为有内院的建筑，如果消防部门认为是，且中庭短边大于 24m，消防车需进入建筑。

（4）消防车道设置尽量要"通"

《建筑设计防火规范》GB 50016-2014 7.1.9 环形消防车道至少应有两处与其他车道连通。尽头式消防车道应设置回车道或回车场，回车场面积不应小于 12m x 12m；对于高层建筑，不宜小于 15m x 15m；供重型消防车使用时，不宜小于 18m x 18m。

此条目的其实是建议消防车道的设置要尽量通畅，实际上，作为商业建筑来说，消防车道设置通畅可避免消防车回车场的设置，而在消防救援中，通过回车场调转方向会浪费很多救援时间，对救援不利，而且设置回车场会限制商业项目的广场环境布置等，较浪费土地资源。

2. 消防车道的技术标准要求

除了消防车道的设置要求，要注意消防车道的技术标准要求。这些在《建筑设计防火规范》GB 50016-2014 7.1.8 和 7.1.9 中有说明，值得注意的是，在设计中，消防车道下的地下建筑和管道设备、暗沟等均要计算消防车的荷载，在消防车道下的此类设施要加强措施，尤其是占用市政道路的时候应格外注意。因此为了将设计简单化，节约成本，应尽量避开此类设施。

7.1.4 消防救援场地

消防车道是消防救援的"路线"，救援场就是消防救援的"点"，消防车在救援场地停驻，对着火建筑实施救援。救援场地针对高层建筑，而且消防救援场地会影响高层建筑间的间距及建筑退红线距离，因此在总平面消防规划中也应尤为注意。

1. 救援场地设置要点

《建筑设计防火规范》GB 50016-2014 7.2.1 高层建筑应至少沿一个长边或周边长度的 1/4 且不小于一个长边长度的底边连续布置消防车登高操作场地，该范围内的裙房进深不应大于 4m。

救援场地设置如图所示。

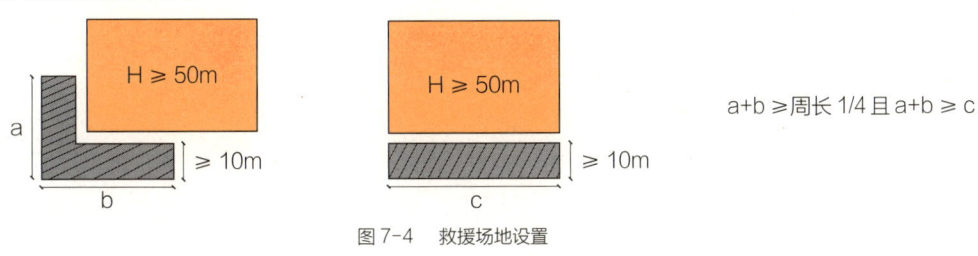

图 7-4 救援场地设置

《建筑设计防火规范》GB 50016-2014 7.2.1 ...... 建筑高度不大于 50m 的建筑，连续布置消防车登高操作场地确有困难时，可间隔布置，但间隔距离不宜大于 30m，且消防车登高操作场地的总长度仍应符合上述规定。

这一点是新规中增加的，其实较有利于大型高层商业建筑，大型商业建筑一般周长会很长，而且总会有地下车库出入口、设备出口等突出地面的设施，要做到连续的周边长度 1/4 的确是有些困难，间隔布置能较合理地解决高层大型商业消防场地设置问题，如图所示。

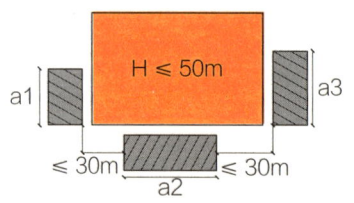

a=a1+a2+a3 ≥周长 1/4 且 a=a1+a2+a3 ≥一个长边

图 7-5　救援场地设置

多层建筑是不需要设置消防救援场地的。

2. 救援场地的技术标准要求

《建筑设计防火规范》GB 50016-2014 7.2.2 有具体规定。

特别应注意第 2 点：**《建筑设计防火规范》GB 50016-2014 7.2.2 2 场地的长度和宽度分别不应小于 15m 和 10m。对于建筑高度大于 50m 的建筑，场地的长度和宽度分别不应小于 20m 和 10m。**此条规定相比老的规范减小了消防车登高操作场地的宽度，减小到 10m，更有利于建筑的总平面布置。

3. 消防登高操作面

新规中没有特别提出消防登高操作面了，只在新规中 7.1.2 最后一句有提及：

...... 对于高层住宅建筑和山坡地或河道边临空建造的高层民用建筑，可沿建筑的一个长边设置消防车道，但该长边所在建筑立面应为消防车登高操作面。

消防登高操作面是在建筑立面上能将消防队员送至各个楼层进行施救的面，新规中已有几个因素限制了，因此不需对其另作规定：

（1）消防救援场地对应的面应是消防登高操作面；

（2）建筑内每个防火分区均应有不少于两个消防救援窗。

因此，消防救援场地相对应的建筑立面与有设置消防救援窗的建筑立面都是消防登高操作面。

7.2
购物中心消防模式

做完总平面消防设计后，在进行建筑消防设计时，首先应确定购物中心的消防模式。目前较常规的购物中心消防模式主要有三种，这三种模式适用于不同大小、形状、面积的购物中心，在消防疏散上各有不同的特点，选择合适的模式能简化消防设计，减少消防材料，降低消防成本，并能做到更有效地完成疏散。

以前老式的百货商场很多都是没有中庭的，每层平面除了通过电梯、楼梯、设备井相连外，层与层之间分得比较开，因此消防模式也较为简单，主要是在单层平面上划分防火分区，在此不做额外叙述。如今随着购物中心形式及环境的改变，大型的中庭及带镂空的室内步行街基本都出现在新的购物中心中。大面积的镂空加大了楼层之间的连通空间，带来舒适空间的同时，在消防上也增加了上下层空间串通的危险性。因此，对现代购物中心来说，针对中庭使上下楼层贯通的问题，主要有三种消防模式。

7.2.1 防火卷帘封闭中庭和平面防火分区

防火卷帘封闭中庭，意思就是将镂空的中庭用一圈防火卷帘封闭，使中庭的空间与某一层形成一个防火分区，用此方法，楼层间就不会串通，平面防火分区可按要求划分，如图所示。

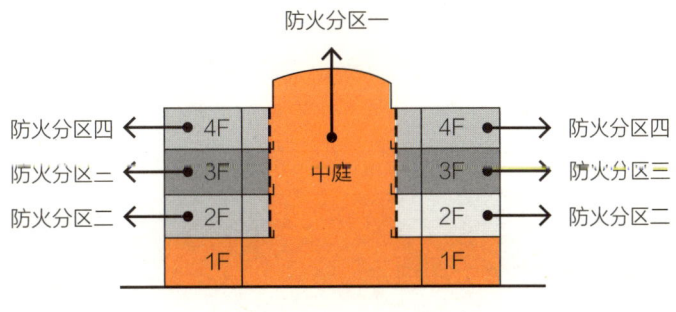

图7-6　防火分区剖面示意图

1. 防火分区面积

此类消防模式防火分区面积在单层计算，商业若是多层最大可做到 5000m²，高层最大做到 4000m²，该面积需包括室内步行街的面积。

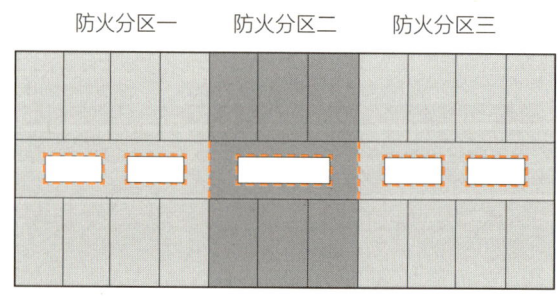

图 7-7 防火分区平面示意图

2. 中庭的空间与中庭防火卷帘

用防火卷帘封闭中庭，中庭周围分有柱和无柱两种，较老一点的购物中心很多都是有柱的，柱与柱之间镶嵌防火卷帘，这种方式比较安全，但中庭一圈有柱阻挡空间和视线，空间感觉不是很好。因此很多新的购物中心会选择采用异形防火卷帘封闭中庭，这是需要征询消防部门同意的，且防火卷帘的种类和材料需获得当地认证才可。

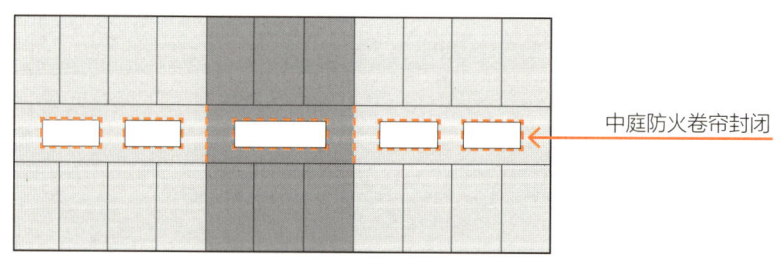

图 7-8 中庭卷帘平面示意图

3. 室内步行街上的防火卷帘及步行街宽度

此类消防模式的室内步行街中会有几条垂直于步行街的卷帘，不多，但必须满足：

《建筑设计防火规范》GB 50016-2014 6.5.3 1 除中庭外，当防火分隔部位的宽度不大于 30m 时，防火卷帘的宽度不应大于 10m；当防火分隔部位的宽度大于 30m 时，防火卷帘的宽度不应大于该部位宽度的 1/3，且不应大于 20m。

此条限制了防火卷帘的最长长度，因此这类消防模式的步行街宽度是不能超过 20m 的。

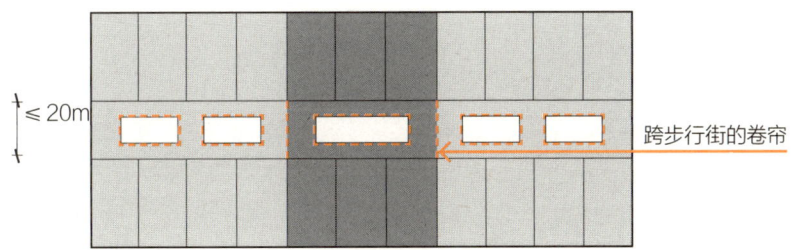

图 7-9　跨步行街卷帘平面示意图

4. 疏散楼梯

此类消防模式的疏散楼梯应满足：

《建筑设计防火规范》GB 50016-2014 5.5.17 2 楼梯间应在首层直通室外，确有困难时，可在首层采用扩大的封闭楼梯间或防烟楼梯间前室。当层数不超过 4 层且未采用扩大的封闭楼梯间或防烟楼梯间前室时，可将直通室外的门设置在离楼梯间不大于 15m 处。

此条实际限制了楼梯间与建筑边缘的距离，而楼梯间又要满足室内空间的疏散距离。因此此种消防模式实际上也就限制了建筑平面的大小，这种消防模式的建筑平面不能过大。

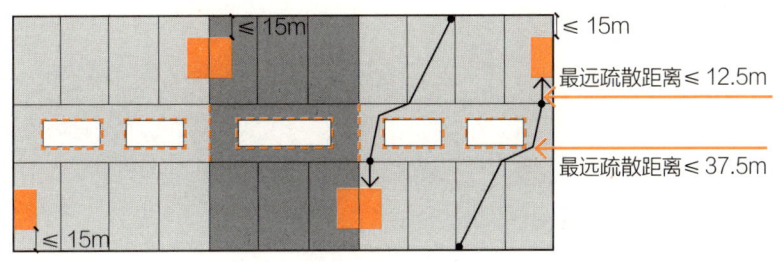

图 7-10　最远疏散距离示意图

如需解决首层楼梯对商业单层面积的影响，可通过建筑体型的突破设计来进行解决。有三种手法："挖"、"架"、"隔"。如图所示。

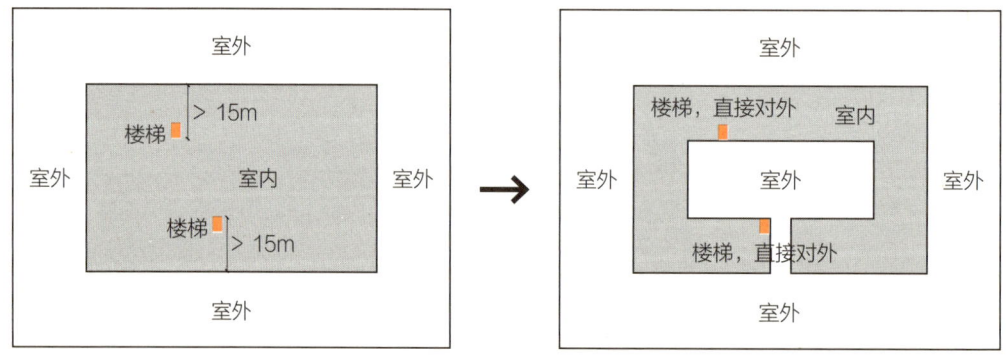

"挖"的手法示意图

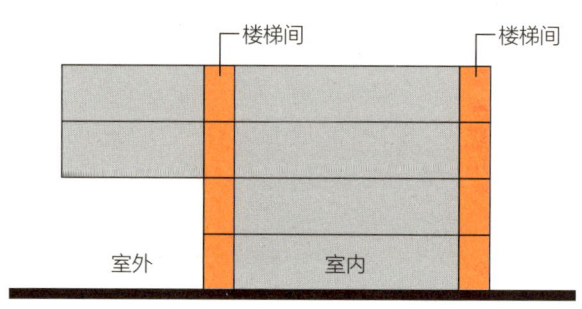

"架"的手法示意图

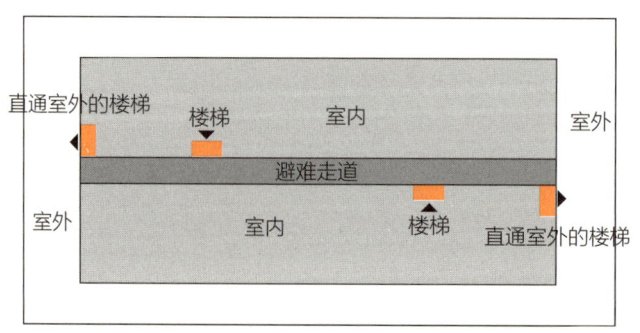

"隔"的手法示意图

图 7-11　解决首层楼梯对商业单层面积影响的三种手法

5. 中庭顶盖造型影响

此类模式由于在最上层也需有跨越步行街的横向防火卷帘，中庭顶盖上需嵌入防火卷帘，因此中庭顶盖造型受一定限制，不能做成连续型玻璃顶盖。此种消防模式在商业建筑中用得较多，很多经典的商业均采用此类消防模式，如上海港汇广场。

7.2.2 竖向空间划分防火分区

此类消防模式不将中庭封闭，把建筑的竖向楼层包括中庭划分在一个防火分区内，如图所示。

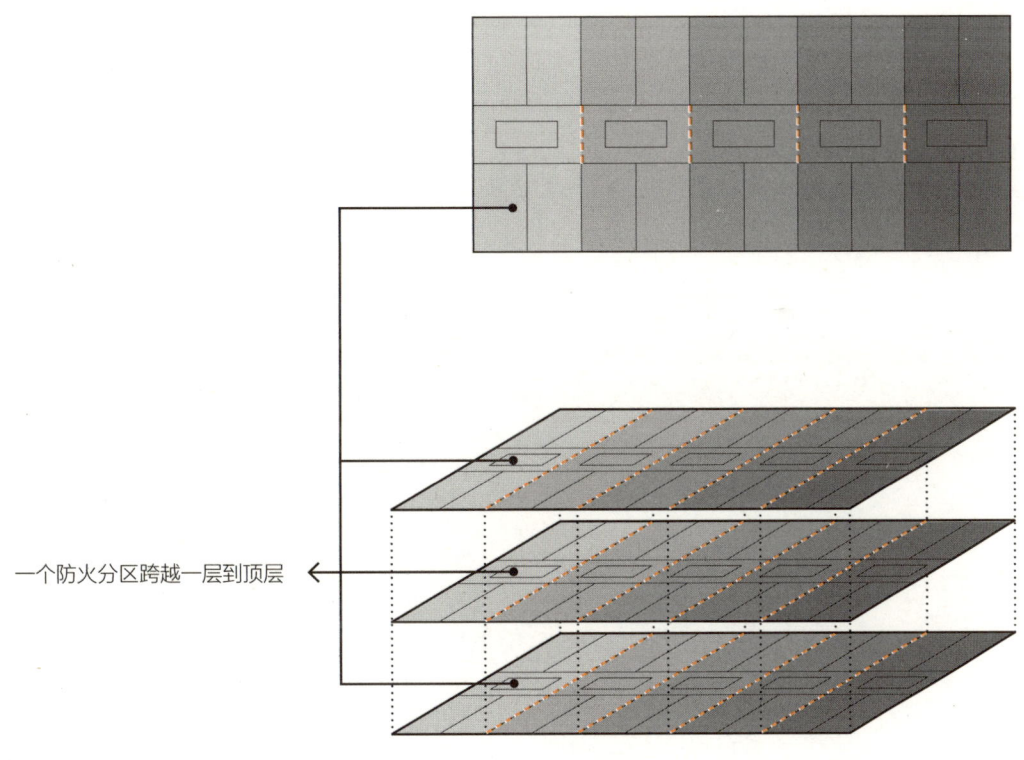

图 7-12　防火分区示意图

1. 防火分区面积

在此类消防模式中，防火分区面积是一个立体的空间，防火分区面积要按每层面积叠加计算，层数越多，每层的面积就越小，因此采用该消防模式的商业的层数有一定限制，此类消防模式一般适用于不超过三层的建筑；该模式同样对店铺进深及步行街宽度和中庭长度有一定限制。总的来说，这种模式使用于规模比较小的商业。如图所示。

防火分区一

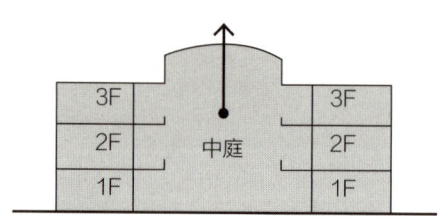

图 7-13 防火分区剖面示意图

2. 中庭的空间与中庭防火卷帘

此类消防模式不需要处理中庭的镂空，可节省掉中庭闭合的防火卷帘，也没有设柱子的必要。

3. 室内步行街上的防火卷帘及步行街宽度

由于单层面积通常较小，横跨步行街的卷帘比第一种平面防火分区的消防模式要多。同样因为卷帘长度限制的影响，这类消防模式的步行街宽度也不能超过 20m 的。

4. 疏散楼梯

此类消防模式由于单层防火分区面积较小，可能每层只能做到不到 2000m^2 的面积，因此在楼梯间的布置和借用上没那么灵活，布置的楼梯比第一种平面防火分区的消防模式要多一些，浪费的疏散宽度也相对多一些。如图所示。

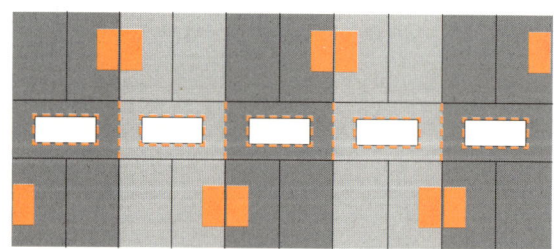

图 7-14 疏散楼梯布置平面示意图

5. 中庭顶盖造型影响

此类模式由于在最上层有跨越步行街的横向卷帘，中庭顶盖上需嵌入防火卷帘，因此中庭顶盖造型受一定限制，不能做成连续的玻璃顶盖，且中庭顶盖会被划分得更细。

此类消防模式在商业建筑中用得不是很普遍，适用于平面较薄，层数较少的建筑，如无锡万象城。

7.2.3 步行街顶棚可开启消防模式

此类消防模式在万达商业中运用较多，因此很多设计师也将此类消防模式称为"万达模式"。旧版本防火规范内未对此类模式有明确规定，需通过消防性能认证及专家评审，过程比较繁琐，对开发商的沟通组织能力有较大考验。但现在由于这种模式广泛地被运用于商业中，因此在新规中，对此类消防模式有了明确规定。《建筑设计防火规范》GB 50016-2014 5.3.6 是对此类消防模式的规定，要用此类消防模式，需额外满足此条内的所有条件，此类消防模式的商业平面大小受限制小，适用于轮廓面积较大的购物中心，但是消防设施的经济投入较高。

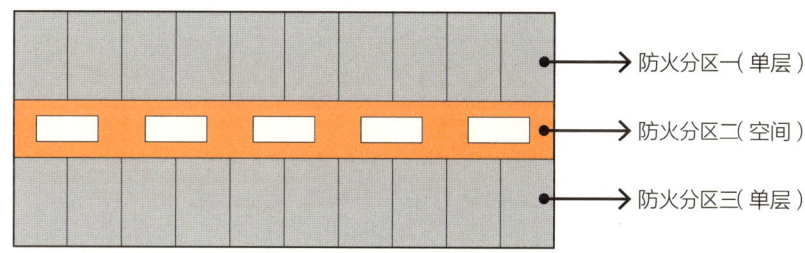

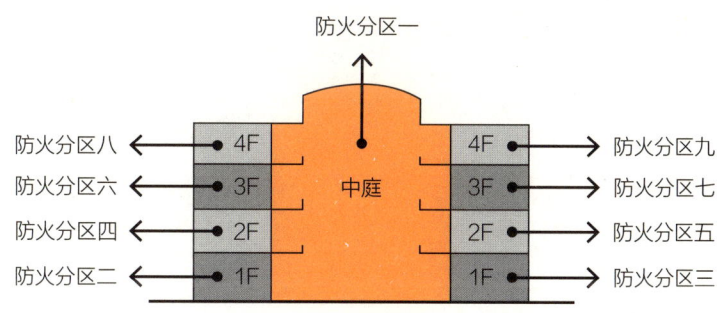

图 7-15　防火分区示意图

1. 防火分区面积

此类模式的室内步行街在着火时，步行街的顶棚会开启，因此可看做是半室外开敞空间，因此可将每层的步行街叠加在一起，空间划分为一个防火分区，其他平面功能则自我划分防火分区。这样划分防火分区对店铺的大小和进深很难限制，但店铺越大，消防危险系数就越高，因此关于此点，规范做出了约束：

《建筑设计防火规范》GB 50016- 2014 5.3.6 3 步行街两侧建筑的商铺之间应设置耐火极限不低于2.00h的防火隔墙，每间商铺的建筑面积不宜大于300m^2。

　　此点限制了步行街两侧店铺的大小，对于未来商业改铺有一定影响。万达的招商是定制化的，它的业态较为固定，招商也比较前置，因此对其影响不大。但是很多商业项目如果招商滞后一点的话，会有很多店铺需要改动，对店铺的调整也是商业很常见的一个现象，而此类消防模式会一定的限制后期店铺的调整，因此这一点其实是商业项目在选择消防模式时应该特别注意的一点，如图 7-16 所示。

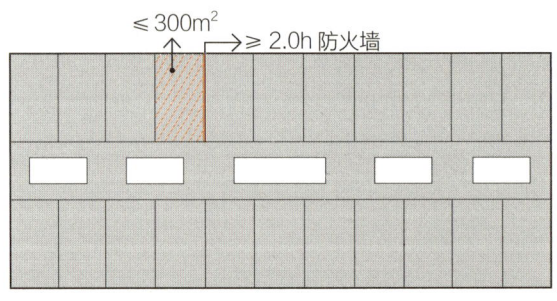

图 7-16　商铺设置要求示意图

2. 中庭的空间与中庭防火卷帘

　　此类消防模式不需要处理中庭的镂空，可节省中庭闭合的防火卷帘，也没有设柱子的必要。但根据《建筑设计防火规范》GB 50016-2014 5.3.6 4 条中，对步行街两侧建筑的商铺，其面向步行街一侧的维护结构有特定要求。第 8、9 条对步行街两侧建筑的商铺也有技术上的要求。

3. 室内步行街上的防火卷帘及步行街宽度

　　此类消防模式室内步行街上无防火卷帘。室内步行街的宽度不会因为跨步行街防火卷帘的长度而受限制。但是根据：

　　《建筑设计防火规范》GB 50016- 2014 5.3.6 1 步行街两侧建筑的耐火等级不应低于二级。2 步行街两侧建筑相对面的最近距离均不应小于本规范对相应高度建筑的防火间距要求且不应小于 9m。步行街的端部在各层均不宜封闭，确需封闭时，应在外墙上设置可开启的门窗，且可开启的门窗的面积不应小于该部位外墙面积的一半。步行街的长度不宜大于 300m。

　　这两条的用意是尽量将步行街两侧的建筑通过步行街断开，并将他们当成两栋建筑来定义防火间距，而此防火间距的要求实际上限制了步行街的宽度，300m 的要求也限制了步行街的长度，如图 7-17 所示。

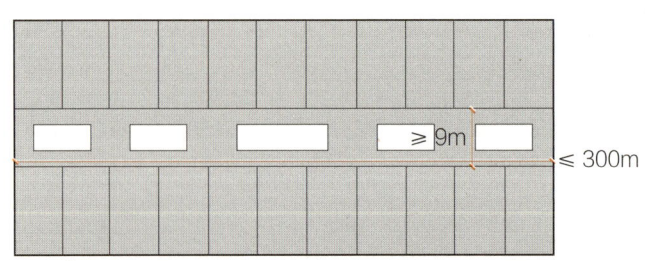

图 7-17　室内步行街设置要求示意图

4. 疏散楼梯

《建筑设计防火规范》GB 50016- 2014　5.3.6　5 步行街两侧建筑内的疏散楼梯应靠外墙设置并宜直通室外，确有困难时，可在首层直接通至步行街；首层商铺的疏散门可直接通至步行街，步行街内任一点到达最近室外安全地点的步行距离不应大于 60m。步行街两侧建筑二层及以上各层商铺的疏散门至该层最近疏散楼梯口或其他安全出口的直线距离不应大于 37.5m。

从此点来看，此类消防模式在疏散楼梯的布置上有一个优势，便是可将楼梯布置在建筑的内部，楼梯通过可开敞室内步行街进行疏散，这样来说平面的轮廓就可以更大，对于大型商业，特别是单层面积较大的商业，这一点是非常有用的。如图 7-18 所示。

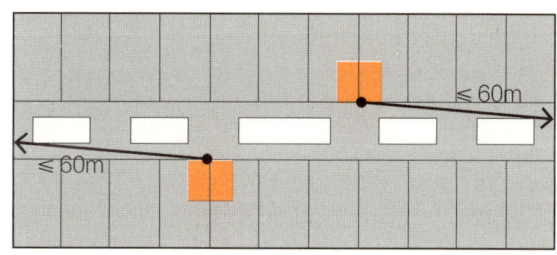

图 7-18　平面疏散楼梯示意图

5. 中庭顶盖造型影响

此类消防模式无横跨步行街的防火卷帘，因此在顶层，中庭顶盖不需要嵌入防火卷帘，对顶盖的造型没有影响，可将顶盖做成连续的玻璃顶篷，较为壮观。

《建筑设计防火规范》GB 50016- 2014　5.3.6　6 步行街的顶棚材料应采用不燃或难燃材料，其承重结构的耐火极限不应低于 1.00h。步行街内不应布置可燃物。7 步行街的顶棚下檐距地面的高度不应小于 6.0m，顶棚应设置自然排烟设施并宜采用常开式的排烟口，且自然排烟口的有效面积不应小于步行街地面面积的 25%。常闭式自然排烟设施应能在火灾时手动或自动开启。

这两条对顶棚有一些技术上的要求，导致顶棚的经济投入要比寻常的采光顶棚高。

总之，这三类不同的消防模式各有各的特点，且不同建筑在体量上、高度上、标准层面积，甚至步行街宽度、中庭大小及商业的厚度的差别导致其适应不同的消防模式。在前期消防设计时，要多与开发商沟通，确定一种适合项目的消防模式。

7.3
购物中心消防设计

购物中心消防设计需充分理解《建筑设计防火规范》GB 50016-2014，才能正确地对消防进行设计，而关于消防也已有很多的专家对规范进行了解读，包括《建筑设计防火规范》图示也做了详细的表达。但很多没有做过商业的设计师可能不知道消防设计应如何下手，因此笔者此节着重不是对规范进行解读和分析，而是根据消防设计的步骤来进行讲述。

7.3.1 购物中心防火分区划分

做完总平面消防设计和消防模式确定后，便应对建筑进行消防设计，建筑的消防设计的核心是在着火时怎么将人快速有效的往外疏导及消防救援，其中安全出口是人员的疏散点，而安全出口的布置离不开防火分区的划分。因此在消防设计中，防火分区划分是建筑消防设计的主结构梳理，在其他细节设计之前，应根据消防模式确定的方式进行防火分区分隔。进行防火分区划分时需要每层的平面功能已确定。

划分防火分区有以下几个原则：

1. 按不同业态划分防火分区，主力店独立划分防火分区

在购物中心内有不同业态的功能，如影院、超市、娱乐、餐饮及零售店铺等，它们在疏散人数上的计算是不同的，而且有些业态以独立的形式存在，在设备上也是自成系统，因此防火分区应独立开来。

2. 防火分区尽量规整

防火分区应尽量规整，规整的防火分区有利于未来计算距离，而且规整的防火分区能有效地减少防火设施成本投入上的浪费。

3. 多利用店铺的防火墙进行划分

《建筑设计防火规范》GB 50016- 2014　5.3.3　防火分区之间应采用防火墙分隔，确有困难时，可采用防火卷帘等防火分隔设施分隔。采用防火卷帘分隔时，应符合本规范6.5.3条规定。

根据此条，如果防火分区划分时，多利用店铺的防火墙，那么就可减少防火卷帘及其他防火分隔设施的设置，使设计更为有效简单，并且节约消防设施设备的投入。

4. 防火分区面积尽量做满

根据《建筑设计防火规范》GB 50016-2014 表 5.3.1 不同耐火等级建筑的允许建筑高度或层数、防火分区最大允许建筑面积确定防火分区面积，除此之外 5.3.2 5.3.4 几条对防火分区面积也有说明。设计时，在满足规范前提下，应尽量将防火分区做到最大，这样在整个建筑中能尽量少地设置防火分区的数量。这样对消防疏散计算、楼梯间设置、消防电梯设置及其他专业消防设计、设备的节约上都有利。

7.3.2 购物中心疏散人数确定

划分完建筑平面的防火分区后，可根据每个防火分区的面积及功能计算出疏散人数。疏散人数的确定影响着疏散宽度的大小，因此这是建筑平面消防设计的第二步。购物中心中的业态丰富多样，疏散人数的计算需根据不同业态来进行计算。

确定不同业态防火分区的疏散人数：

《建筑设计防火规范》GB 50016- 2014 5.5.21 4 歌舞娱乐放映游艺场所中录像厅的疏散人数，应根据厅、室的建筑面积按不小于 1.0 人 /m² 计算；其他歌舞娱乐放映游艺场所的疏散人数，应根据厅、室的建筑面积按不小于 0.5 人 /m² 计算。

5. 有固定座位的场所，其疏散人数可按实际座位数的 1.1 倍计算。

6. 展览厅的疏散人数应根据展览厅的建筑面积和人员密度计算，展览厅内的人员密度不宜小于 0.75 人 /m²。

7. 商店的疏散人数应按每层营业厅的建筑面积乘以表 5.5.21- 2 规定的人员密度计算。对于建材商店、家具和灯饰展示建筑，其人员密度可按表 5.5.21- 2 规定值的 30% 确定。

商店营业厅内的人员密度　　　　　　　　　　　　　　　　　　　　　　表 7- 2

楼层位置	地下第二层（人 /m²）	地下第一层（人 /m²）	地上第一、二层（人 /m²）	地上第三层（人 /m²）	地上第四层及以上各层（人 /m²）
人员密度	0.56	0.60	0.43~0.60	0.39~0.54	0.30~0.42

《饮食建筑设计规范》JGJ 64-89 中第 3.1.2 条餐馆、饮食店、食堂的餐厅与饮食厅每座最小使用面积应符合表 3.1.2 的规定。

类　别 等　级	餐馆餐厅 （m²/座）	饮食店饮食厅 （m²/座）	食堂餐厅 （m²/座）
一	1.30	1.30	1.10
二	1.10	1.10	0.85
三	1.00	—	—

餐厅与饮食厅每座最小使用面积　　　　　　　表7-3

餐饮店铺除了餐厅面积外还有厨房等后勤辅助面积，因此餐饮人数计算有个非常重要的因素，便是餐厨比。餐厨比越小，也就是餐厅区面积越小，得出的总人数就越少。

《饮食建筑设计规范》JGJ 64- 89 中第 3.1.3 条 100 座及 100 座以上餐馆、食堂中的餐厅与厨房（包括辅助部分）的面积比（简称餐厨比）应符合下列规定：一、餐馆的餐厨比宜为 1：1.1；食堂餐厨比宜为 1：1；二、餐厨比可根据饮食建筑的级别、规模、经营品种、原料贮存、加工方式、燃料及各地区特点等不同情况适当调整。

在实际情况中，餐饮业态为使利益最大化，餐厨比很难达到 1：1，如按 1：1 计算人数，设计计算的人数会比实际的少，消防验收很难通过，因此在设定餐厨比时要考虑到未来实际情况的餐厨比例。在购物中心中，为达到餐厅面积最大化，餐厨比在 7：3 左右甚至更大，但在设计时，如果用餐厨比 7：3 来进行人数计算，餐饮的人数会比较多。而在计算餐厅人数时，是拿餐厅面积除以 1.3 来确定的，实际情况中餐厅的每座最小面积其实要大于 $1.3m^2$，也就是说一个餐厅内的实际座位数比理论值要少，因此也有在计算人数时会把餐厅内的座位数布置在图内的情况。在平衡这两方面因素时，也有将餐厨比定为 6：4 的，但是需先征询消防部门。规范中未提及的业态类别，其人数计算方法需征询当地消防部门。

7.3.3 购物中心疏散宽度确定

疏散宽度计算是建筑平面消防设计的第三步，在《建筑设计防火规范》GB 50016-2014 5.5.21 1、2、3 条中都有说明。根据每个防火分区的人数计算每个防火分区的所需宽度。

《建筑设计防火规范》GB 50016- 2014 5.5.21 1 每层的房间疏散门、安全出口、疏散走道和疏散楼梯的各自总净宽度，应根据疏散人数按每 100 人的最小疏散净宽度不小于表 5.5.21-1 的规定计算确定。当每层疏散人数不等时，疏散楼梯的总净宽度可分层计算，地上建筑内下层楼梯的总净宽度应按该层及以上疏散人数最多一层的人数计算；地下建筑内上层楼梯的总净宽度应按该层及以下疏散人数最多一层的人数计算。

商业的每层肯定会存在人数的差异，而且商业不同层数每 100 人最小疏散净宽度的系数也不相同，又有 5.5.21 的规定，使得商业每层总宽度计算变得复杂。很多项目都会遇到这种情况，比如一二级的商业总共有四层，三层的人数是最多的，但三层的每 100 人最小疏散净宽度为 0.75，而四层是 1.0，那一二三层的疏散宽度计算是 = 人数 × 0.75/100，还是 = 人数 ×1.0/100？目前全国大多数地方的消防部门都认为疏散宽度的计算应是根据整栋楼来定义，如果一个建筑是四层的建筑，那么此建筑每层的宽度计算 = 人数 ×1/100，也就是说以整栋建筑最大的系数为准。

每层的房间疏散门、安全出口、疏散走道和疏散楼梯的每100人最小疏散净宽度（m/百人） 表7-4

建筑层数		建筑的耐火等级		
		一、二级	三级	四级
地上楼层	1~2层	0.65	0.75	1.00
	3层	0.75	1.00	—
	≥4层	1.00	1.25	—
地下楼层	与地面出入口地面的高层 ΔH ≤ 10m	0.75	—	—
	与地面出入口地面的高层 ΔH > 10m	1.00	—	—

疏散宽度借用问题：

《建筑设计防火规范》GB 50016- 2014 5.5.9 一、二级耐火等级公共建筑内的安全出口全部直通室外确有困难的防火分区，可利用通向相邻防火分区的甲级防火门作为安全出口，但应符合下列要求：1、利用通向相邻防火分区的甲级防火门作为安全出口时，应采用防火墙与相邻防火分区进行分隔。

这一点需要注意。在条文说明中解释：当人员需要通过相邻防火分区疏散时，相邻两个防火分区之间要严格采用防火墙分隔，不能采用防火卷帘、防火分隔水幕等措施。这说明如果两个防火分区如果不是用防火墙完全分隔，是不能借用疏散宽度的，因此这样的防火分区是要自己全部解决所有疏散宽度的，所以这一点对后面疏散楼梯的设置有影响。

7.3.4 购物中心疏散距离确定

确定完每个防火分区的疏散宽度，还需确定购物中心的疏散距离。购物中心计算疏散距离的方式有三种：第一种是完全的大空间模式，防火分区内无固定店铺分隔，疏散距离以安全出口为圆心画圆来计算，这种方式在主力店及百货的疏散距离计算中较常用，如图7-19所示。

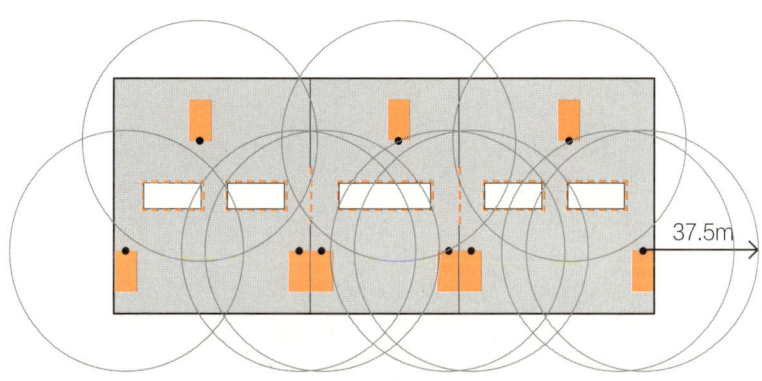

图 7-19 大空间疏散距离示意图

第二种方式是商业空间内有店铺分隔，但疏散距离仍以大空间计算，疏散距离依据：

《建筑设计防火规范》GB 50016- 2014 5.5.17 4 一、二级耐火等级建筑内疏散门或安全出口不少于2个的观众厅、展览厅、多功能厅、餐厅、营业厅等，其室内任一点至最近疏散门或安全出口的直线距离不应大于30m；当疏散门不能直通室外地面或疏散楼梯间时，应采用长度不大于10m的疏散走道通至最近的安全出口。当该场所设置自动喷水灭火系统时，室内任一点至最近安全出口的安全疏散距离可分别增加25%。

此类疏散方式虽较为严格，但有利于商业后期的合铺、分铺及业态调整，如图7-20所示。

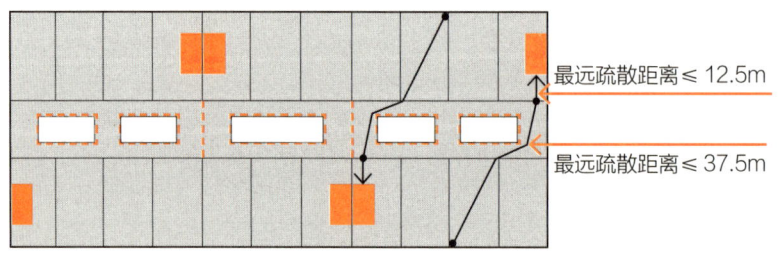

最远疏散距离 ≤ 12.5m

最远疏散距离 ≤ 37.5m

图 7-20　有店铺分隔的疏散距离示意图

第三种方式为固定店铺疏散模式，疏散距离根据《建筑设计防火规范》GB 50016-2014 5.5.17 1直通疏散走道的房间疏散门至最近安全出口的直线距离计算。这种方式的疏散距离较长，但不利于店铺分隔的改动及业态调整，因此这种方式在室外步行街运用较多，如图7-21所示。

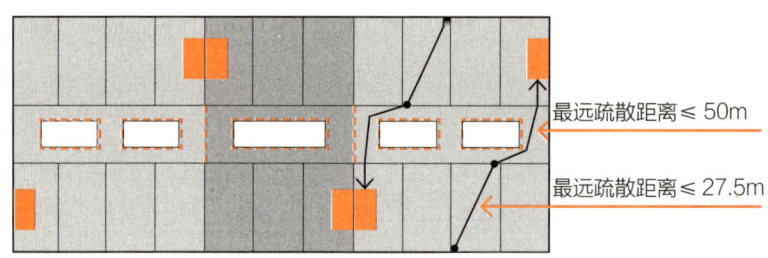

最远疏散距离 ≤ 50m

最远疏散距离 ≤ 27.5m

图 7-21　固定店铺分隔的疏散距离示意图

7.3.5 疏散楼梯布置

每个防火分区的疏散楼梯宽度总和应比实际需求的宽度要略多一些，楼梯设置得越有效越合理，楼梯浪费的宽度就越少，商业利益就越大。

疏散楼梯布置原则：

1. 尽量对角布置

在一个防火分区内布置疏散楼梯时，应尽量对角线布置，因为对角线布置楼梯能将疏散最不利点控制在平面的中心区域，这样有利于减短防火分区内最不利点的疏散距离长度，如图7-22所示。

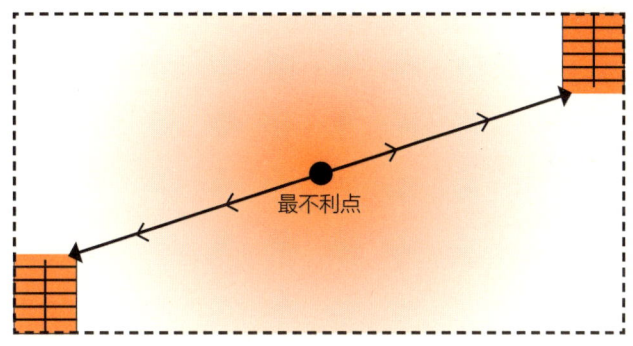

图 7-22　疏散楼梯布置原则示意图

2. 剪刀楼梯的使用

在布置购物中心疏散楼梯时，如果消防部门允许使用剪刀楼梯，剪刀楼梯在宽度一定的情况下，比两个楼梯要节省面积，能提高商业的利用效率，减少楼梯所占建筑面积。

即使在允许设置剪刀楼梯的项目中，剪刀楼梯是否能同时给两个防火分区进行疏散，是存在争议的，笔者在实际项目中遇到过此类问题。剪刀梯的两个楼梯虽互不相通，但剪刀楼梯跨越两个防火分区，会增加两个防火分区串联的危险。因此在设计时，如果一个剪刀梯同时给两个防火分区共用，应加大剪刀梯中间墙、楼板及防火门的耐火极限，并向消防部门征询。

3. 楼梯疏散宽度计算

楼梯疏散宽度计算时，要计算楼梯疏散的净宽度，应除去扶手间距及墙面抹灰的厚度，特别是在消防要求有最小楼梯疏散宽度的时候要注意留出余地。在消防疏散门上也是一样的，门的疏散宽度也应除去门框和安装时预留的缝的宽度。这样在后面的消防审查和设计会减少很多的麻烦，设计得太过紧张如果审核通不过，会导致所有楼梯及疏散门要全部重新设置，也是很麻烦的一件事情。

7.3.6　消防电梯布置

《建筑设计防火规范》GB 50016- 2014 7.3.1 下列建筑应设置消防电梯：

1　建筑高度大于 33m 的住宅建筑；

2　一类高层公共建筑和建筑高度大于 32m 的二类高层公共建筑；

3　设置消防电梯的建筑的地下或半地下室，埋深大于 10m 且总建筑面积大于 3000m² 的其他地下或半地下建筑（室）。

第 1、2 条对地上建筑需做消防电梯的条件进行了规定，在地上建筑如需要设置消防电梯，尽量将货梯兼做消防电梯，因消防电梯要设置前室，客梯一般不合适兼做消防电梯。第 3 条是对地下建筑（室）做消防电梯设置的条件规定。根据：

条文说明 7.3.1 ...... 本条第 3 款中"设置消防电梯的建筑的地下或半地下室"应设置消防电梯,主要指当建筑的上部设置了消防电梯且建筑有地下室时,该消防电梯应延伸到地下部分;除此之外,地下部分是否设置消防电梯应根据其埋深和总建筑面积来确定。

此条前面一句没有疑义,但笔者要提醒的是,后一句表明,即使地上不需设置消防电梯,地下建筑(室)要是满足第 3 条的条件,地下也要设置消防电梯的,因此在做方案时,如果地上建筑为多层建筑,不需设置消防电梯,对地下室的埋深应充分考虑,在没有特别要求的情况下,地下室埋深最好不要超过 10m,这样会减少很多消防电梯方面设计上的麻烦。

7.3.7 地下商业消防设计

目前在很多的商业项目中,为发挥商业效益的最大化,特别是在地铁上盖等商业建筑中,很多项目都设置了地下商业。而地下商业相比于地上商业,在疏散上难度要大很多,要求也较为严格,这是消防疏散设计的一个难点。

1. 地下商业宽度计算

《建筑设计防火规范》GB 50016-2014 5.5.21 2 地下或半地下人员密集的厅、室和歌舞娱乐放映游艺场所,其房间疏散门、安全出口、疏散走道和疏散楼梯的各自总净宽度,应根据疏散人数按每 100 人不小于 1.00m 计算确定。

条文说明中解释本条款中"人员密集的厅、室",包括商店营业厅、证券营业厅等。在地下商业消防设计时,应注意,如果地上建筑不超过三层,在相同面积情况下,地下商业得出的疏散总宽度很可能是要高于地上建筑的,这种情况下,过多地设置地下商业,可能会多出一些地下商业到首层的楼梯,这样首层商业价值会有一定损失。

2. 地下商业防火分区划分

《建筑设计防火规范》GB 50016-2014 5.3.4 一、二级耐火等级建筑内的商店营业厅、展览厅,当设置自动灭火系统和火灾自动报警系统并采用不燃或难燃装修材料时,其每个防火分区的最大允许建筑面积应符合下列规定:......3 设置在地下或半地下时,不应大于 2000m²。

需要注意的是,地下商业防火分区可为 2000m²,只局限于商店营业厅、展览厅,其他类型的商业形式的防火分区面积按表 5.3.1 中规定执行。如果地下商业中需要设置餐饮业态,餐饮业态的防火分区面积是否能按 2000m² 执行需进行征询与沟通,如果餐饮不能被定义为商业营业厅,餐饮业态的防火分区面积只能为 1000m²。

3. 地下商业 20000m² 防火分隔

除了基本的防火分区划分,地下商业还有一条 20000m² 防火区域分隔的规定。

《建筑设计防火规范》GB 50016-2014 5.3.5 总建筑面积大于 20000m² 的地下或半地下商店,应采用无门、窗、洞口的防火墙、耐火极限不低于 2.00h 的楼板分隔为多个建筑面积不大于 20000m² 的区域。相邻区域确需局部连通时,应采用下沉广场等室外开敞空间、防火隔间、避难走道、防烟楼梯间等方式进行连通 ......

设计地下商业时,在方案阶段就应有 20000m² 分区的概念,如果地下商业总面积超过 20000m²,应该按几个区域来考虑设计。不能在一开始时,不管这一限制规定,在后面再进行 20000m² 区域的划分,后面强行的分割会使地下商业不流畅,下沉广场、避难走道和防火隔间等设计也会过于生硬,数量也会较多,影响地下商业的品质。

4. 善用下沉广场及避难走道解决疏散问题

前面说过，地下商业的疏散宽度有可能会比地上多，为了减少因地下商业而设置的楼梯间，应善于使用下沉广场和避难走道来解决疏散问题。

下沉广场不仅能作为地下商业的主要出入口和节点，也能解决一些疏散的问题。下沉广场作为空间节点，能帮助解决围绕下沉广场周边的几个防火分区的部分疏散问题，而避难走道则能解决更多的防火分区疏散问题，因此在地下商业设计时要善于运用下沉广场和避难走道。

下沉广场及避难走道的相关措施在规范中有规定，笔者也不多做说明，但在实际项目中要注意的是，单个防火分区通过避难走道疏散的宽度能占此防火分区疏散总宽度的多少比例，需与消防部门征询沟通，关于避难走道最大能设计的宽度也需征询。

图片来源

表格来源

主要参考文献

[1] 高山 . 城市综合体：思想理念 · 设计策略 · 实现机制 [M]. 南京：东南大学出版社，2015

[2] 周洁 . 商业建筑设计 [M]. 北京：机械工业出版社，2012

[3] [美]Jerde 事务所维尔马 · 巴尔 . 零售和多功能建筑 [M]. 高一涵、杨贺、刘霈译 . 北京：中国建筑工业出版社，2010

[4] 张家鹏，王玉珂 . 商业地产案例课 [M]. 北京：机械工业出版社，2015

[5] 庄雅典 . 解密城市商业综合体设计 [M]. 北京：北京大学出版社，2014

[6] 张广生 . 海商——1982~2012 上海商业纪事 [M]. 上海：上海锦绣文章出版社，2013

[7] 邓凡 . 透视城市综合体 [M]. 北京：中国经济出版社，2012

[8] 易居（中国）控股有限公司，克而瑞信息集团 . 主力店攻略 [M]. 南京：江苏人民出版社，2013

[9] 陈倍麟 . 商业地产项目定位与建筑设计 [M]. 大连：大连理工大学出版社，2013

[10] 张璋 . 最佳购物中心动线设计表现 [M]. 南京：江苏科学技术出版社，2013

[11] 捷得 . 场所制作 [J]. 城市 · 环境 · 设计，2011（08）：60-61

[12] 三益中国 . 商业地产设计：策略、方法与案例 [M]. 武汉：华中科技大学出版社，2012

[13] 李仁斌 . 大"市"所趋：大型专业市场综合体策划实践 [M]. 北京：机械工业出版社，2014

[14] 张俊杰 . 大型商业建筑设计 [M]. 北京：中国建筑工业出版社，2014

[15] 姜涌等 . 城市商业中心建筑设计方法 [M]. 北京：中国建筑工业出版社，2014

[16] 荆哲璐 . 城市消费空间的生与死——哈佛设计学院购物指南评述 [J]. 时代建筑，2005（02）：62-67

[17] 沈竹，陈飞虎 . 内透光——城市立面照明中的功能化方式 [J]. 灯与照明，2006（06）：11

[18] 三益中国 . 商业地产 VIEW，1-10 期

[19] 大连万达商业地产股份有限公司 . 商业地产投资建设 [M]. 北京：清华大学出版社，2013

[20] 大连万达商业地产股份有限公司 . 商业地产运营管理 [M]. 北京：清华大学出版社，2013

[21] 中华人民共和国国家标准 GB 50016-2014 建筑设计防火规范

[22] 中华人民共和国国家标准 GB/T 50353-2013 建筑工程建筑面积计算规范

[23] 中华人民共和国国家标准 GB 50067-2014 汽车库、修车库、停车场设计防火规范

[24] 中华人民共和国行业标准 JGJ 100-2015 车库建筑设计规范

[25] 中华人民共和国行业标准 JGJ 48-2014 商店建筑设计规范

[26] 互联网：搜狐、网易、百度、赢商网

图书在版编目(CIP)数据

商业地产 从拿地到设计——商业建筑设计手册 /
彭娟著．－北京：中国建筑工业出版社，2016.9（2021.2 重印）
ISBN 978-7-112-19634-0

Ⅰ．①商… Ⅱ．①彭… Ⅲ．①商业建筑－建筑设计－
手册 Ⅳ．① TU247-62

中国版本图书馆 CIP 数据核字 (2016) 第 182925 号

责任编辑：徐明怡 徐 纺
美术编辑：赵 杨 牛 犇 张 凡
责任校对：王宇枢 关 健

商业地产 从拿地到设计
——商业建筑设计手册

彭娟 著

李雯 审校

*

中国建筑工业出版社出版、发行（北京海淀三里河路9号）

各地新华书店、建筑书店经销

北京京华铭诚工贸有限公司印刷

*

开本：880×1230毫米 1/16 印张：14 字数：392千字
2017 年 1 月第一版 2021 年 2 月第三次印刷
定价：80.00 元
ISBN 978-7-112-19634-0
　　　(29143)